天敵なんかこわくない
―虫たちの生き残り戦略―

天敵なんてこわくない

虫たちの生き残り戦略

西田隆義

八坂書房

目次

1章

自然における天敵の役割

疑問のきっかけ ― 食うものと食われるもの ―

私は昆虫の生態学を研究している。生態学は英語ではエコロジーと呼ばれ、現在では「環境に優しい生き方」という意味で使われることが多い。エコロジーという言葉から、有機肥料を使い化学肥料や殺虫剤を多用しない農業、太陽光や風などの自然エネルギーの積極的利用、地産地消や田舎暮らしといった生活スタイルを思い浮かべる人が多いだろう。学問としての生態学は、生物とそれをとりまく環境の関係、とりわけ他の生物との関係を明らかにし、生物の分布と数を説明することを目指す研究分野である。生物学のほとんどの分野が、精密な機械としての生物の体の仕組みを調べているのに対して、生物の個体以上のレベルを扱う点がユニークである。つまり生物の体という具体的「もの」を調べるだけでなく、生物と生物の関係という「こと」を調べるのが特徴となっている。生態学の出発点は、おそらく人類が狩猟採集生活をしていたときに培った動植物についての深い知恵に基づいて

＊エコロジー ecology ＝ギリシア語のオイコス（家や住みかのこと）にちなんで、ドイツの生物学者エルンスト・ヘッケルが名づけた。人間の経済活動を研究する経済学（エコノミー）も同じ語源に基づく。生態学は、生物についての経済学とみなせる。

いる。その意味では、とても歴史の古い学問である。しかし意外なことに、科学としての生態学はとても新しい研究分野で、二十世紀に入ってからようやく本格的な研究がはじまった。

まず最初に問題となった大きな問いの一つは、なぜ害虫が大発生したり魚が大漁や不漁になったりするのか、その一方で安定して発生する生物がいるのはなぜか、といった生物の数の変動と安定をもたらす仕組みについてだった。はじめに考えられた仕組みは、食うもの（捕食者を含む天敵）と食われるもの（被食者）のバランスで安定が維持されているというものだった。たとえばヤマネコとノウサギを例にして考えてみる。ノウサギが増えるとヤマネコは餌が増えるのでヤマネコもまた増える。しかしヤマネコが増えてノウサギを食べすぎると、今度はノウサギが減り、その結果、餌が減ったヤマネコもまた減る。そうなると捕食を逃れてノウサギがふたたび増える。これで数の変動が一回り循環したわけだ。このサイクルが延々とくりかえされることで安定が維持されることになる。

この考えかたは直感的に分かりやすいし、カナダの針葉樹林帯ではカワリウサギとオオヤマネコが順を追って数が増えたり減ったりするという観察結果もあった。一見したところほれぼれするほどきれいな関係だ。しかし、数十年にわたる膨大な野外調査の結果、この説明はどうやら間違っているらしいということになってきた。オオヤマネコが増えるのはカワリウサギが増えたからという証拠はたくさんある。しかし反対に、カワリウサギが減る原因がオオヤマネコによる捕食にあるという証拠はほとんどみつからなかった。なぜなら、オオヤマネコが食べることで死ぬカワリウサギの数を計算しても、旺盛なカワリウサギの増殖を抑えて減らすにはほど遠いからだ。そのうえ、オオヤマネコがいなくてもカワリウサギの個体数は大きく変動するらしい。結局、餌となる植物の量の増減とともにカワリウサギの個体数も変化する。オオヤマネコの個体数は、カワリウサギの数の変化に少し遅れて変化するにすぎないらしい。

その後、温帯でも捕食者と被食者の数の変動について膨大な研究が蓄積された。もし捕食者が被食者の数をコントロールしているならば、理論的には捕食者と被食者の数が交互に増えたり減ったりする現象が生じるはずだ。しかし、そういう現象は北極圏をのぞき、自然界ではほとんどないことが分かった。北極圏での周期的な数の増減についても、前に述べたように別の解釈がされるようになり、結局、天敵による被食者の数の制御というアイデアはだんだん廃れた。

天敵が被食者の数を制御するということは、被食者の数が増えたら減らし、逆に減ったら増やす効果があることを意味する。すなわち、被食者の数の変動をより緩やかにして、両者が長いあいだ絶滅せずに共存する効果をもたらす。そのためには、被食者の数が増えたときにはそれを上回って食べ、逆に数が減ったときには手加減してあまり食べないことが必要となる。天敵一匹が食べる速度は、餌が多いときはそれを上回って大きくなり、餌が少ないときにはそれを下回って少なくなる必要がある。あるいは、餌が多いときには周囲から天敵が大量に集まってきて盛大に餌を食べる必要がある。

これが実際に自然界でおこっているかどうか、これまで膨大な労力をかけて野外調査が行われてきた。そしてその結果、天敵はそんなことはしないことが明らかとなった。被食者の数が増えると、天敵は満腹になってしまいそれ以上は食べないので、被食者の数を減らす効果はないのだ。逆に、被食者の数が少ないからといって、手加減はしない。一方、被食者の数が増えると周囲から天敵が集まることはしばしば観察されるが、被食者を減らすほどの効果はなかなかみつからない。結局、天敵は被食者の数を安定に制御するのではなく、むしろ攪乱《かくらん》していた。つまり、被食者の数が多いときには食う量が追いつかず、逆に被食者が少ないときには食いすぎるというわけだ。

天敵による制御は本当にないのか？

以上の結果から、天敵ではなく餌不足によって被食者の数は変動していると考える生態学者が多い。しかし私は長いあいだ漠然と疑問を感じてきた。その深い理由は、相互作用をどうとらえるかにある。

たとえば、熱波がやってくると多くの人が死ぬ。ヨーロッパでは二〇〇三年の夏はとても暑く、三〇〇〇人を超える人が熱波で死んだという。アメリカでも熱波がおきるたびに多くの人が亡くなる。しかし不思議なのは、同じくらいの暑さでもアメリカでは日本よりもずっと多くの人が死ぬことだ。体の弱い高齢者が死にやすいのはどこでも同じだ。もちろん、家の構造や暑さのしのぎ方など生活様式の違いは大きい。しかし最大の違いは、社会的要因にある。アメリカ大都市の貧民街では、熱波の後で部屋の窓を閉めきった状態で死んでいる人がたくさんみつかる。死ぬほど暑いならば、窓を開けて寝ればいいのに、と多くの日本人は思うだろう。しかし、病院に担ぎこまれてなんとか生き延びた人の証言を聞くと、窓を開けて強盗に入られるほうが暑さで死ぬことよりもずっと恐ろしいという話が多い。

犯罪統計から推定すれば、おそらく窓を開けたほうが死亡リスクは低いのだろう。しかし、窓を開けることで強盗に入られるリスクと窓を閉めきって暑さで死ぬリスクを比べれば、前者のほうが心理的にはずっと恐ろしいことは容易に想像できる。もしあなたがシカゴの貧民街で、熱波のときに窓を閉めきって寝ている人に対して「窓を開けて寝たほうが死亡リスクは低いですよ」とアドバイスしたとしよう。そのときの返答はおそらく、「強盗に入られたらどうするんだ。窓を閉めきって寝たために暑さで死んだって、それはそれまでのことだ。強盗に入られるよりはましだ。」というものだろう。人間の行動を決めるのは、脳が無意識に計算した結果に基づく心理的リスクなのだ。したがって窓を閉めきって寝るという行動が選ばれるというわけだ。

この推測をさらに支持するのは、寒波で死ぬのはほとんど社会的話題にならないことだ。実は、寒波で死ぬ人の数は熱波で死亡する人の数よりもはるかに多い。経済学者のビョルン・ロンボルグによれば、熱波で記録的死者が出た二〇〇三年のヨーロッパでは、イギリス一国で二〇〇〇人ほどが亡くなった。しかし通常の年であっても、イギリスでは寒波で平均二万五〇〇〇人もの死者がでる。ヨーロッパの他の国でも似たり寄ったりだ。したがって統計的にみると、温暖化すれば死者の合計は確実に減ると推計されている。それにもかかわらず、寒波による死亡が社会的話題になるのは稀だ。ロンボルグはその理由を、気候変動に対する社会的熱狂のせいだと考えているようだ。私はそれに加えて、窓を閉めきって暖房した家の中で、廊下や風呂などでたまたま冷気にあたり脳梗塞《のうこうそく》や心臓発作をおこして死ぬという寒波死のイメージが、強盗におびえて熱死するという熱波死よりもずっとましだという価値判断が背後にあるのではないかと想像している。

ここで強盗というのが、天敵の喩《たと》えであるのは言うまでもない。人間であれば心理的リスクによって強盗対策が決まる。他の生物でも、心理的であるか否かを問わず天敵によるリスクの予測と天敵対策のコストによって天敵対策が決まるだろう。このときに天敵によるリスクの予測は実際の天敵による死亡確率よりも過大になりやすいのではないだろうか？

被食者にとって、天敵に食われればすべてはおしまいとなる。したがって、なるべく天敵に襲われない工夫が必要だ。庭に来るスズメをみていると、実に慎重に周囲を見渡し、餌をついばみながらも周囲に対する警戒を怠らない。警戒に使っている時間を餌採りに使えば、栄養摂取の点からはずっと効率的だろう。しかしスズメはそんなことをしない。過剰なまでに警戒し続ける。庭にはネコがいて、ごく稀に、せいぜい年に一度くらいしかスズメを捕まえることはない。こんな低い確率の捕食死亡は無視してもよさそうに思えるが、警戒を怠る個体が死ぬ確率は怠らない個体よりもわずかに高いだろう。こうした長期にわたる自然選択がスズメの警戒行動を発達させたのだ。

捕食者の存在を完全に知ることはできない。そのとき、被食者は捕食される危険を推定しなければならない。捕食される可能性というのは確率的に大きくばらつく。このような場合、被食者は捕食される危険をある程度過大に評価するように進化するだろう。なぜならば、捕食されやすいのは危険を比較的に小さく評価する個体で、一方、生き延びて次世代に警戒形質を伝えるのは比較的に臆病な個体だからだ。もちろん臆病さは餌採りの効率を下げるので、臆病さはある時点で進化的安定に達するだろう。こうしたプロセスを経て、被食者の中枢神経に宿る「捕食者の怖さ」という目にみえない危険推定値が捕食回避行動を決めることになる。野生生物の過大ともいえる臆病さと、家畜の過小ともいえる警戒心のなさを比べると、彼らの「捕食者の怖さ」についての推定値が大きく違うことが分かる。

このような「被食者による捕食リスクの評価」という考えから、天敵は被食者を制御しないという考えに疑いを投げかける生態学者もいる。さらに、天敵による制御がなければ説明しがたい現象がいくつもある。第一に、外来種が天敵のいない地域に侵入して大発生することが挙げられる。外来種はそもそも侵入地の環境に適応していたわけではない。それにもかかわらず大発生するのは、原産地での天敵から解放されたことが一因と考えられる。

これに関連して、第二に、侵入後に大発生した外来種も、土着化とともに次第に大発生しなくなることが多く、かつ土着化の過程で天敵

＊**進化的安定**＝自然選択が釣り合って安定的に維持される状態。下記の例で説明すると、あまりにも臆病では餌が効率よく採れず、かといって大胆すぎると捕食される危険が大きすぎることになる。餌採りの効率と捕食される危険の両方を考慮したときに、もっともよい臆病さが存在することになる。臆病さが、それ以上増えても、減っても不利になるという意味で進化的安定という。

相が豊かになることが挙げられる。これは天敵による制御とうまく一致する。日本に定着した外来害虫について詳しく調べた研究（桐谷一九八六）によれば、侵入害虫に寄生する天敵はカイガラムシ類で平均二・九種、ガ類で平均八・四種なのに対して、土着害虫ではそれぞれ四・八種、一八・九種になるという（表1-1）。おそらく侵入直後には、もっと天敵の種類が少なかったに違いない。そして天敵がだんだんと増え、土着害虫に等しくなった時点で、侵入害虫の土着化が完成し、その時点で大害虫が平凡な害虫になるらしい。

たとえばアメリカシロヒトリは戦後、米軍とともにやってきてたちまち大害虫となった。あるコラムニストの回想によると、昭和四三年ころの東京では、ボウフラとアメリカシロヒトリ退治のための殺虫剤散布のお知らせが、町内会の掲示板にいつもでていたという。当時の東京では、アシナガバチと小鳥くらいしか天敵はいなかったという。ところが今では、ただの虫になっていて、ときに多く発生すると新聞で話題になるほどだ。そして天敵もぐっと増えている。三番目に、外来種の大発生は農耕地など天敵相が貧弱な環境で多く、森林のように天敵が豊富なところでは少ない。これらいずれの現象も、天敵が被食

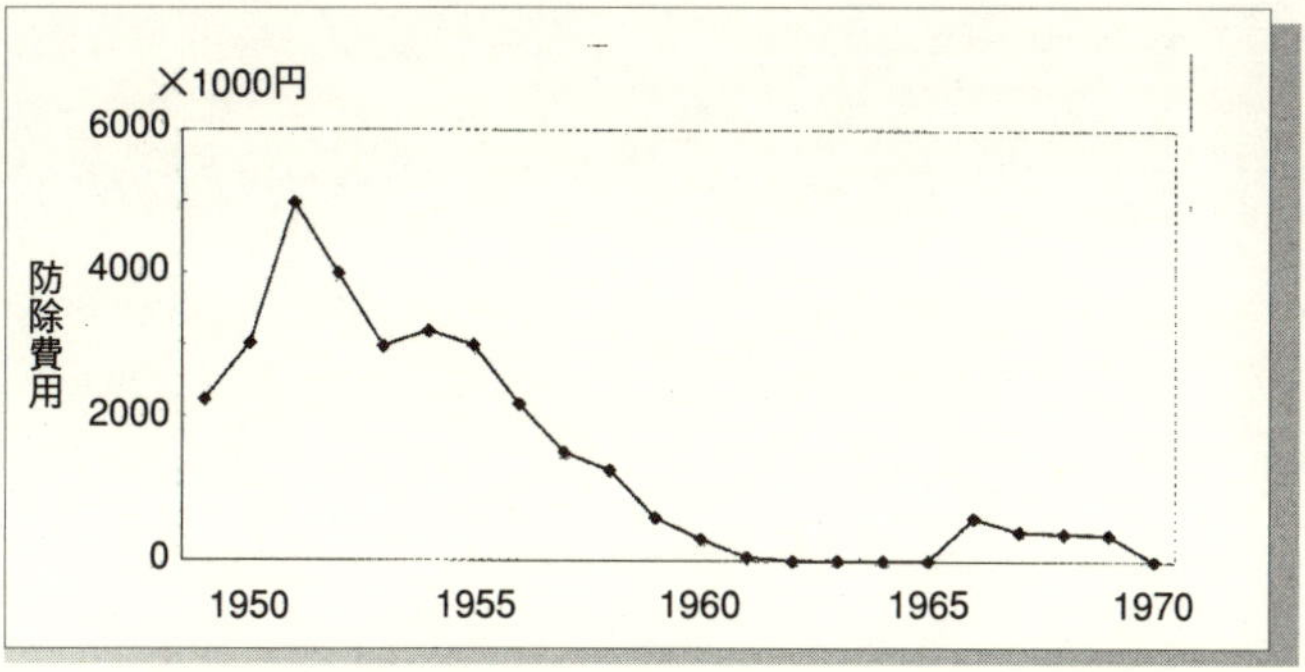

図1-1　害虫防除費用からみるアメリカシロヒトリの数の変動
1950年代と比較すると、発生が極端に減少していることが分かる。

表1-1　日本のおもな侵入害虫と土着害虫の寄生性天敵の種類数

（桐谷・中筋1972に、市岡1996の結果を加えて改変）

	半翅目	天敵数	防除手段	鱗翅目	天敵種数
侵入害虫	ヤノネカイガラムシ	4	導入寄生蜂	リンゴスガ	3
	サンホーゼカイガラムシ	5		アメリカシロヒトリ	16
	ルビーロウカイガラムシ	8	導入寄生蜂	ジャガイモガ	2
	イセリアカイガラムシ	0	導入捕食者	モンシロチョウ	15
	ミカントゲコナジラミ	2		コブメイガ	6
	リンゴノワタムシ	1		平均	8.4
	リンゴノカキカイガラムシ	0			
	平均	2.9			
土着害虫	カメノコロウカイガラムシ	5	在来天敵	ニカメイガ	11
	ツノロウカイガラムシ	3	在来天敵	コカクモンハマキ	7
	ミカンマルカイガラムシ	5		ナシヒメシンクイ	34
	クワシロカイガラムシ	8		カツカレハ	34
	クワコナカイガラムシ	6		マイマイガ	23
	フジコナカイガラムシ	2		ヨトウガ	18
	平均	4.8		アワヨトウ	12
				イチモンジセセリ	12
				平均	18.9

者の数を抑えていることを強く示唆する。しかしその一方で、直接的な証拠はほとんどないし、天敵による制御を可能にするメカニズムが分かったわけでもない。前に述べたように、被食者が増えたときに個々の被食者に対する天敵の効果がさらに増すという証拠はない。したがって、天敵が存在すること自体が被食者になんらかの影響を与えることで数を制御するというロジック（論理）が必要なのだ。

天敵による制御をもたらすロジック

私が考えたのは、被食者が天敵から受ける効果というものは、食われて数が減るだけでなく、むしろ食われないように被食者が発動する捕食回避策を媒介して間接的にはたらいているのではないかというものだ。ここである天敵とその被食者の関係を考えてみる。もしその被食者にとって天敵はとても恐ろしい存在だったとしよう。たとえば被食者の八〇%の個体は天敵に食われて死ぬとしよう。そして捕食を逃れさえすればかなりの確率でうまく繁殖できるとしよう。このような

***コスト** cost＝生物のある行動や形態がもたらす適応度の減少をコストという。生存率の低下、産卵数や産卵機会の減少、時間やエネルギーの損失など適応度を低下させるものであればなんでもコストとなる。ただし、正確に測定するのはむずかしいことが多い。

***対抗適応**＝捕食者と被食者のように片方がやり方を改善すると、もう一方もそれに対して対抗策をたてるような適応のことをいう。あらゆる対抗策にはコストがかかるので、高いコストに耐えられるほうが勝つ。そのため対抗適応はいたちごっこのように永遠に続くことはない。

状況では、被食者にとっては捕食を逃れることがもっとも重要な試練となり、コストのかかる捕食回避策が進化することになる。捕食回避策がうまく機能すると、天敵にとってその被食者は捕まえにくく経済的に効率の悪い餌となる。その結果、天敵はその被食者を主要な餌としては利用しなくなる。しかし、被食者はコストのかかる捕食回避策を続ける。われわれが自然界でみるのはこうした進化が一時的であれ安定な状態に達したときだ。もしこの推論が正しければ、天敵は潜在的に重要な被食者をほとんど餌として利用していないという状態が観察されるだろう。

さて、上記の推論は正しいだろうか？　捕食者にとってその被食者がとても重要な場合には、捕まえにくいからといってすぐに狩りを止めてしまうとは限らない。その結果、被食者はコストのかかる捕食回避策を講じても捕食回避の成果をうまく上げられない場合もでてくる。こうなると、コストのかかる捕食回避策は衰退し、被食者は食われ放題という結果になる。すなわち、捕食者が勝つか、被食者が勝つかは捕食回避策とそれに対する対抗適応のどちらがコストに耐えるかによって決まることとなる。進化生物学者のドーキンスとクレブスは、捕食者と被食者の進化的競争では被食者が勝つ確率が高いと予測し、その理由を「命—ごちそう原理（life-dinner principle)」と名づけた。つまり、被食者と捕食者では失敗したときの損失があまりにも違うということだ。被食者は食われれば命を失う。これに対して捕食者は失敗しても食事が一回欠けるにすぎない。現在、生きている生物を考えてみよう。当たり前のことだが、被食者の祖先をたどっても、その中に子どもを産むまでに捕食されて死んだものはいない。被食者の適応度をスポーツの成績にたとえれば、勝ち抜き式試合の優勝者の成績に相当する。子どもを産むまでに一度でも負ければ（捕食されれば）成績はゼロになる。これに対して、祖先が餌採りに一度も失敗しなかった捕食者はまずいないだろう。捕食者は何度も狩りに失敗したあげくにようやく餌にありつけるのが普通なのだ。捕食者の適応度をスポーツの成績にたとえれば、総当たり式試合方式で、成績は勝率で決まる場合に相当する。たとえ負けても（捕食に失敗しても）次の試合で挽回することは可能なのだ。

わが家のペットのエピソードを紹介しよう。わたしの家ではネコを四匹も飼っている。二年ほど前に、近所の人からウサギをもらった。

ネコは新入りのウサギに興味津々で、すぐに追いかけっこがはじまった。ウサギがネコに捕まらないか心配だった。しかし、ネコの運動神経はかなりのものだが、どうやってもウサギを捕まえることはできなかった。ウサギはネコがごく近くに走り寄ると、まるでネコの行く先を正確に知っているかのように、予想外の方向にぴょんと跳ぶのだ。この方向転換の巧みさは、ウサギのほうが圧倒的に上だった。これに加えて、走るスピードもウサギのほうがずっと上だった。そういったわけなので、ネコはもてあそばれるだけなのだ。おそらく野生のネコでも、長時間にわたりじっと身を潜め至近距離から襲う以外に狩りに成功する可能性は低いだろう。

このような捕食者と被食者の違いは進化的にどのような結果をもたらすだろうか？　もし、被食者のほうが進化的な競争で捕食者に負けた場合には、その被食者はすでに絶滅していてわれわれは現在みることはできないだろう。逆に被食者が完全に勝利してしまえば、これまた捕食―被食関係はみられないことになる。というわけで、われわれが現時点で観察できる捕食―被食関係というのは、進化的な競争で被食者が常に一歩リードしている状態ということになる。これが「命―

ごちそう原理」の内実だ。

「命—ごちそう原理」がどの程度正しいかについては、実はよく分かっていない。しかし理屈としてはありうる。もしそうであるならば、生態学者が従来やってきた研究手法、つまり捕食者の食事メニューを調べれば捕食者が被食者に与える影響を評価できるというやり方は正当化できない。むしろ捕食者はなにを食べることができないかがより大切になるだろう。かつてブリア・サヴァランは『美味礼讃』の中で「どんなものを食べているか言ってみたまえ。君がどんな人であるかを言いあててみせよう。」と書いた。私の考えはまったく逆で、「どんなものを食べていないか言ってみたまえ。君が生態系の中でどんな役割を果たしているかを言いあててみせよう。」というものだ。私はこのロジックを頼りに、食うものと食われるものの関係を調べはじめた。

2章

適応をいかにして説明するか？

この本では進化生態学の適応論、すなわち自然選択による適応という考え方に基づいて話を進める。本論に入る前に進化生態学の論理構成について簡単に説明しておきたい。なぜかというと、プロの生物学者を含むほとんどの人が自然選択による適応を誤解しているからだ。生物の複雑な適応進化を説明する究極の理論は自然選択であり、今のところそして将来にわたってもこれ以外にはないだろう。ダーウィンによって提唱されて以来、一五〇年以上にわたってありとあらゆる批判と誤解を受けたが、科学的検証に耐えて生き残った理論だ。

自然選択の論理は、一見あっけないほどシンプルだ。進化によって受け継がれるものは情報であり、情報の媒体を複製子（いわゆる遺伝子）と呼ぶ。これに対して環境と相互作用して複製子のコピー効率を決めるのは、複製子がつくり出す個体がもつ性質（表現型）だ。この意味で個体は相互作用子と呼ばれる。自然選択は相互作用子のもつ表現型に対してはたらき、その結果変わるのは複製子の頻度《ひんど》ということになる。この論理は、複製子がなんでできているかにかかわらず、変わらない。もし地球以外の宇宙に生物がいたとしたら、複製子はDN

A以外でできている可能性が高いが、それでも自然選択は地球と同じようにはたらくだろう。コンピュータウイルスでも同様だ。この意味で、自然選択説というのは普遍的な真理なのだ。科学哲学者のデネットはこの考えをユニヴァーサル・ダーウィニズム（Universal Darwinism）と呼んで、それが世界の理解にもたらす豊かな可能性について詳細な議論を展開している。

自然選択はコピー効率の高い複製子が自動的に増えることを示す。コピー効率は、個体の生存率が高いほど、育てあげる子の数が多いほど高くなり、これを生物学では適応度（フィットネス：fitness）と呼ぶ。これだけならばあたり前のように聞こえるだろう。しかし自然選択が直接はたらくのは相互作用子（個体）であり、複製子（遺伝子）ではないことから複雑な現象が生じる。ダーウィンによる自然選択の提唱以来、自然選択に対するもっとも厳しい批判は、「自然選択では生物にみられる協力行動、とりわけ人間の徳性を説明できない」というものだった。

自然選択を支持した生物学者のジュリアン・ハクスレー（一八八七〜一九七五）でさえも、自然選択の結果、人間がますます知的な利己主義者になるのではないかという暗い予感に苛《さいな》まれたほどだ。相手を利己的に利用するものほど子孫が繁栄するので、結果的に利己主義者ばかりになるという予想だ。この手の批判はかなり強力なものだったが、最近になってようやく最終的な解決がみえてきた。協力行動を、自分自身は繁殖しない働き蜂の進化、相互認知による互恵的協力の進化、そして無私的協力の進化に分けて順に説明したい。

ダーウィン自身も、ミツバチなど社会性の昆虫に広くみられる自己犠牲的な巣の防衛行動や女王蜂の繁殖への働き蜂にみられる全面的協力がいかにして自然選択で進化したのかを説明するのに苦慮していた。ダーウィンは結果的に説明することはできなかったが、正解のごく近くまで近づいていた。解決の糸口は、『種の起原』の出版から一〇〇年あまりを経た一九六四年にハミルトンによって開かれた。ウィリアム・ハミルトンはイギリスの進化生物学者で、ダーウィン以来もっとも傑出した進化生物学者とみなされている。自己犠牲的な社会行動が進化する遺伝的な理由、捕食を避けるために生じる利己的な群れ形成、オスとメスの比率が極端にずれる理由などについて独創的な理論をつくり出した。彼は協力行動をもたらす遺伝子がどのように広まるかを考えた。働き蜂は姉妹なので、ある確率で協力行動の遺伝子を共有している。働き蜂が自分自身で繁殖したときに得られる適応度よりも、働き蜂が女王蜂の繁殖を手伝いその結果生み出される姉妹蜂を通じた適応度が大きければ、働き蜂は自分の繁殖を断念して女王の繁殖に全面的に協力するのが適応度のうえで得になる。そのため協力行動は進化することになる。これで利己的な蜂が利他的に振る舞うことが説明できるようになった。この現象を遺伝子のレベルで考えると、適応度を増やす進化は生じるというごくあたり前のことになってしまう。そこに個体というレベルを導入し、遺伝子のレベルと統合して考えることにより、常識的にはありえそうもない自己犠牲的行動の進化を説明することに成功したわけだ。

ハミルトンの説明はいわば「遺伝的利益」に基づく血縁者間での協力の進化だった。しかし自然界には遺伝子を共有しない個体間の協力もある。トリヴァースはこのような協力行動を互恵的利他主義と名づけ、説明を与えた。簡単にいえば、「協力してくれた相手には協力する」という規則だ。ロバート・トリヴァースはアメリカの進化生物学者で、親による子どもの世話の進化や、ハチやアリなどの社会性昆虫における性比（オスとメスの比率）の進化などについてユニークな理論を展開した。彼の説明の例として吸血コウモリを挙げよう。

南アメリカに生息する吸血コウモリの一種は集団でねぐらをつくる。吸血できるかどうかには運次第という面があり、毎日安定的に餌が採れるわけではない。その反面、吸血に成功すると大量の血で満腹となる。顔見知りのコウモリは相手が空腹で自分が満腹のときには、血を吐き戻し相手に与える。その代わりに自分が空腹なときには同じ相手に餌をせがむというわけだ。この関係でおもしろいのは、血をせがむだけの裏切り者を排除できる点だ。裏切り者は最初は血をもらうのに成功するかもしれないが、裏切り行為自体が協力者をどんどん減らしてしまうというわけだ。このような互恵的利他主義では、相手を認知して異なる行動をとるという高度な能力が必要となる。

以上述べたのは、利己的な個体にとっても利他的に振る舞うのが得だという場合だった。しかし人間には、そうした合理的な利他主義では説明できそうもない真の利他主義というものがある。たとえば、完全に匿名《とくめい》の多額の寄付、見知らぬ人に対する無償の献身的保護などのように実行がむずかしそうなものから、旅先での些細《ささい》な親切などありふれたものまでさまざまだ。こうした無私の利他主義を説明するのは今でも完全にはできていない。しかし答えは手のとどくところまで来ている。

最初の突破口は、国際政治学者のロバート・アクセルロッドと前に述べたハミルトンの協力によって開かれた。政治学者と進化生物学者が共同で研究するなど学問がたこつぼ式の日本では考えられないが、そこがアメリカのいいところだろう。彼らはまず、簡単には答えがでないことを前提に、どうしたら解決の糸口がつけられるかを考えた。そして、世界中から募集したコンピュータプログラムの対戦というアイデアにいたった。コンピュータ上で対戦をくりかえし、勝ったものが生き残るというものだ。世界中から、このやり方が一番だというプログラムが続々やってきた。素人考えでは、対戦相手に協力せずに、逆にすべてを奪うような利己的なプログラムが勝利すると思える。しかし結果は意外なものだった。勝ったのはしっぺ返しという戦略で、いわば「相手が裏切らない限り協力し、裏切られた場合は一度だけ限定的に報復する」というものだった。相手を裏切りまくる戦略は、集団中にお人好しがたくさんいるあいだは優勢だったが、裏切るという戦略そのものがお人好しを絶滅させてしまった。単純なお人好しがいなくなってみると、常に裏切るという戦略はぱっとしない。なにしろ協力すれば得られるはずの利得を得られなくなってしまうのだ。

この研究はその後も続けられ、「協力と限定的報復」というやり方がかなりうまい戦略であることを示した。その後も協力の進化の研究はどんどん進み、人間集団の中での評判の確保や口コミが協力行動の進化に重要なことが分かってきている。私の予想では、自然選択で説明が困難なのはごくわずかの真の利他主義だけで、これについてはみかけ上の利他主義をもたらした自然選択の副産物として解釈されることになるのではないかと思う。いずれにせよ利己的な主体が協調することの大部分は謎でなくなりつつある。

以上の結果から、自然選択で協力が進化すること自体は説明可能になりつつある。つまり、かつて自然選択では説明不能とされた現象が説明可能にまでなったのだ。さらに自然選択で説明できそうにない適応現象は今のところほとんどない。その一例として、最近でも自然選択の間違いとしてしばしば言及されることのあるガの工業暗化について誤解を解いておきたい。

工業暗化とは、工業の発達で煤煙《ばいえん》による環境の黒ずみが進行し、これにともない昆虫の体色が黒ずむ現象を指す。オオシモフリエダシャクというガの例がいちばん有名だ。バーナード・ケトルウェルという昆虫学者が、鳥が目立つガを選択的に食べることによって工業暗化が生じることを立証し、その後、自然選択の実証例として教科書にも広くでている。この研究についてその後、いくつか疑いが投げかけられた。いちばん大きな疑念は、ケトルウェルの実験の方法に大きな問題があるというものだった。このガは木の幹には止まらないのに、彼の実験では木の幹に止めて実験をしたのは大問題だという批判だった。

この批判の一部にはもっともなところもあったが、その後に批判を取り入れた検証実験がいくつも行われ、ケトルウェルの結論が正しいことは何度も再確認されている。さらに工業暗化は、煤煙で汚れた葉を食べることによって直接生じる生理現象だという批判が今でもある。この説の出所を探してみるとヘスロップ・ハリソンという植物生理学者にたどりつく。彼は一九二〇年代に別種のガを使って、煤煙で汚れた葉を摂食させることで工業暗化が生じたと主張した。彼の主張は、すすの生理的作用を信じる研究者により、種を変えて何度も追試されたが、結局間違っていることが分かった。おまけに、すすで汚れた葉を与えることで実験的に工業暗化が生じると彼が主張した種では、そもそも自然状態で工業暗化が生じていないことも明らかとなっている。

これに加えて、すすによる汚染と黒化型の割合が合わない地域もあるという批判も根強くあった。この批判についても、ガの移動を考慮することでうまく説明がついている。森に囲まれたすす汚染地域には、周囲の森から暗化していないガが大量にやってくるので、みかけ上、不自然なことがおきるだけなのだ。もちろん、工業暗化には他の要因も関係している。しかし、他の要因はせいぜいのところ小さな影響を与えるにすぎない。結局のところ、工業暗化をもたらした主因は鳥が目立つほうのガを好んで捕食したことであり、ケトルウェルは正しかったのだ。この結論にいたるまでの過程は複雑で、それには多くの証拠を総合して評価する能力が必要とされる。そのうえに、ケトルウェルとその師で生態遺伝学の大立て者だったフォードをめぐる複雑な人間関係が暗い影を投げかけていたために、ジャーナリズムで扇情的に報道された。そのためか、今でも工業暗化は間違っているという記述がポピュラーサイエンスの本や、創造論者の主張の中にみられる。だ

ヒメクロオトシブミと揺りかご
オトシブミの仲間は、卵を産みつけた葉を揺りかごのように巻き、中で孵った幼虫はその葉を食べて育つ（写真提供：石井誠）。

が、それには正当な根拠はない。

自然選択が適応の科学的説明としてすぐれていることは、非合理が合理的に生じることを説明できることだ。神学的デザイン論といった疑似的科学説明では、合理性は説明できても非合理は説明できない。以下に例を示そう。

最近、私の研究室に所属する院生の岸茂樹君は、オスがメスをめぐって激しく争う生物でもオス・メスで大きさが異なる場合と異ならない場合があるのはなぜかを説明することに成功した（Kishi & Nishida 2008）。カブトムシやクワガタでは、オスは巨大なツノや牙をもち、体の大きさもメスよりずっと大きくなる。それに対して、糞虫《ふんちゅう》（いわゆるフンコロガシ）では巨大なツノをもつ種でも、体の大きさそのものはオスとメスで等しい。同じ傾向は、系統的に離れたオトシブミでもみられる。その理由は、親による保護と密接に関係している。糞虫やオトシブミでは親が子の成長に必要な栄養をすべて提供するのに対して、カブトムシやクワガタでは親は卵を産みっ放しで、子どもは自分で栄養を摂って成長する。つまり、前者では親が子の大きさを決めるのに対して、後者では子が自分で大きさを決める。親は子の世話をす

森の倒木の中で越冬中のカブトムシの幼虫　卵から孵った幼虫は、柔らかい朽ち木や腐植土を食べて育つ（写真提供：石井誠）。

る時点で子の性別が分からないので、息子と娘のいずれにも同じ量の餌を与える。その結果、オスとメスのサイズが同じになってしまうのだ。

ここまでの説明は合理的だが、驚くようなものではない。おもしろいのは、子の性別が分からないときに子に対してどれだけ餌を与えるのが自然選択のうえで最適かということだ。息子は大きなツノがあるほうが喧嘩に強くて有利だが、娘を大きくしてもメリットは少ない。直感的には、息子への最適投資量と娘への最適投資量の平均を投資するのが最適なように思える。しかし理論的には、よりコストのかかる性への投資量、つまり息子への最適値を息子にも娘にも投資することが最適となる。その結果、最適サイズの息子とそれと同じ大きさで不必要に大きな娘ができる結果となる。

この奇妙な結論について図を用いて説明しよう。まずいちばん単純な場合からはじめる。横軸に糞球のサイズ、縦軸にその糞球から出現する子どもの適応度（繁殖成功度）をとる。子どもの適応度は糞球が大きくなるにつれて高まるが、そのうちに頭打ちとなる（図2-1）。このような場合に、親にとっての最適な糞球サイズはどう決まるだろう

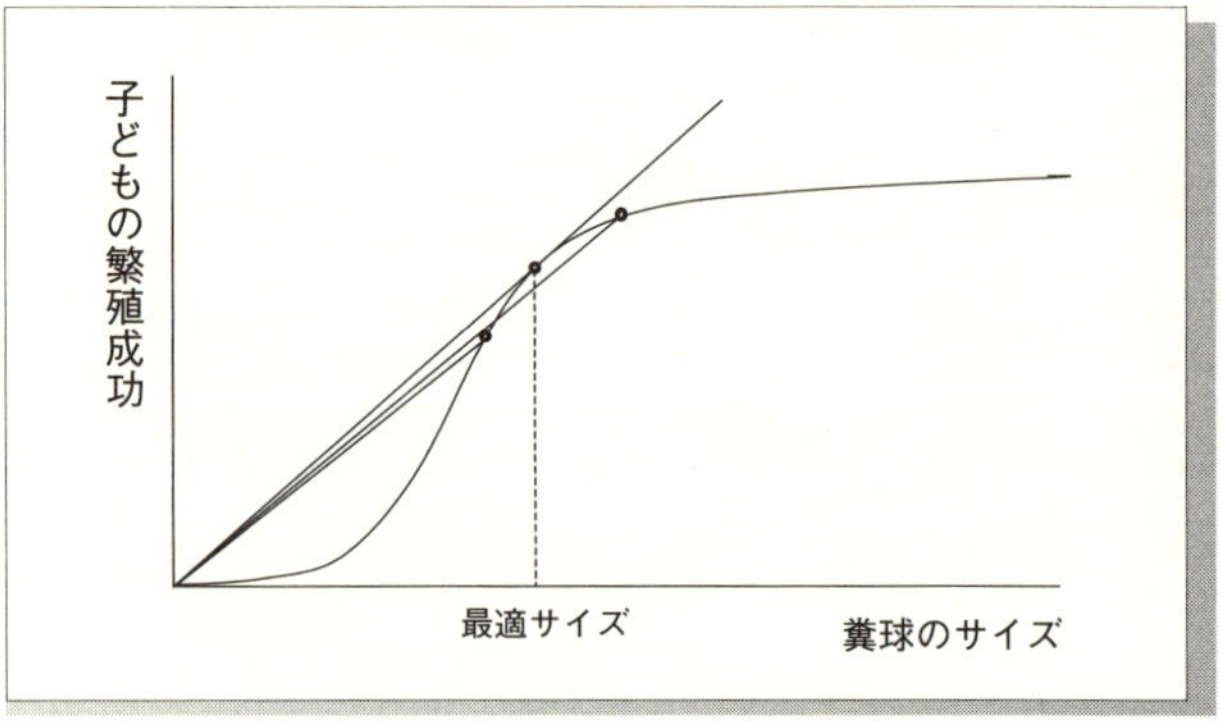

図2-1　糞虫の親からみた場合に最適な糞球サイズ　この図では3つ示した糞球サイズのうち真ん中のサイズが最適となる。なぜならば、糞球のサイズを大きくしても小さくしても、糞球サイズあたりの子どもの繁殖成功が減ってしまうからだ。原点から曲線にむかって引いた接線との交点が最適な糞球のサイズとなる。

か？　親の立場からみると、投資した糞球量に対する適応度の見返りが最大になるのがもっとも効率的だ。見返りが高いということは、糞球サイズに対する適応度が高いということだ。原点を通る傾きの大きな直線を考える。傾きが大きいということは、見返りが大きいことを意味する。傾きを徐々に小さくしてゆくと、あるところで曲線に接する。この接点が最適糞球サイズとなる（図2-1の真ん中の点が最適に相当する）。ためしに最適点を前後に少しずらせてみよう。どちらにずらしても、原点からその点まで引いた直線の傾きは、接線の傾きよりも小さくなる（図2-1を参照）。ということは、投資の効率が下がることを意味する。

次に子どもがオスの場合とメスの場合で適応度の見返りが異なる場合を考えよう。ここでは糞虫の実態に合わせて、オスが立派なツノをもち互いに戦い、一方メスは戦わないとしよう。子どもがメスの場合、糞球を大きくするとだんだんその糞球から羽化するメスのサイズも大きくなりたくさん卵を産むが、やがて産卵数は頭打ちとなる（図2-2の曲線f）。つまりいくら体を大きくしても産める卵の数には限界があるということだ。これに対して、子どもがオスの場合には、糞球を大

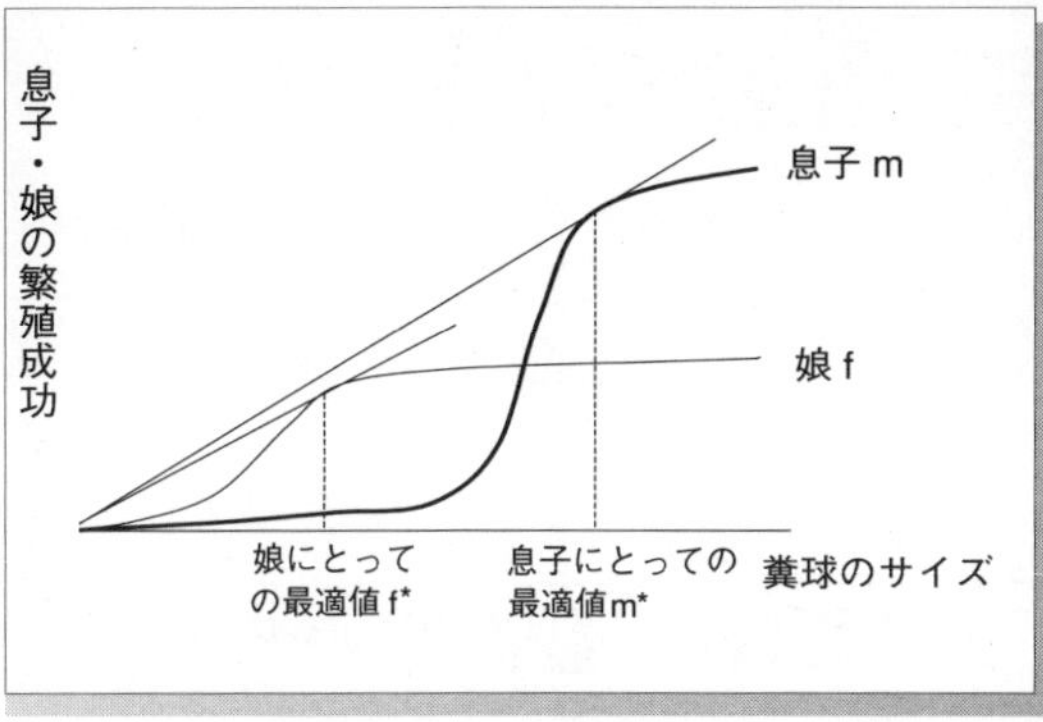

図2-2　親からみた場合の、娘にとっての最適な糞球サイズと息子にとっての最適な糞球サイズ　子どもの立場からみれば、糞球のサイズはもっと大きいほうがよい。しかし親の立場からみれば最適な糞球サイズが存在し、娘には小さな、息子には大きな糞球をつくるのがよいことがわかる。ただし、ここでは親が子どもの性別を予測できることが前提となっている。実際には親は子どもを産む前にその性別を知ることはできない。

きくしてもなかなか適応度は上がらない。なぜかというと、オスは互いに激しく闘争をするので体が小さいとほとんど闘争に勝てず、結局メスと交尾できないからだ。糞球をかなり大きくすると急激にオスは闘争に強くなり適応度もぐんぐんあがる（図2-2の曲線m）。こういう状況において、親からみて、娘と息子に対してどのくらいの大きさの糞球をつくるのが最適かを考える。図2-1の説明と同様に、原点から曲線mやfに引いた接線の接点（それぞれm*とf*）が最適糞球サイズとなる。したがって、息子、娘に対してそれぞれただ一つの最適糞球サイズが存在し、息子の最適糞球サイズが娘のそれよりもずっと大きいことがわかるだろう。もし、親が子どもの性別を予測することができれば、自然選択は息子には大きな糞球を、娘には小さな糞球をつくるような親を進化させるだろう。

さて問題なのは、親は子どもの性別を予測できないということだ。人間ですら、ごく最近まで子どもの性別を予測できなかったくらいなのだ。子どもの性別が分からないときに親はどのように糞球サイズを決めるのがいいのだろうか？　親は子どもの性別を予測できないのだから、子どもの適応度は子どもがオスの場合とメスの場合の適応度の

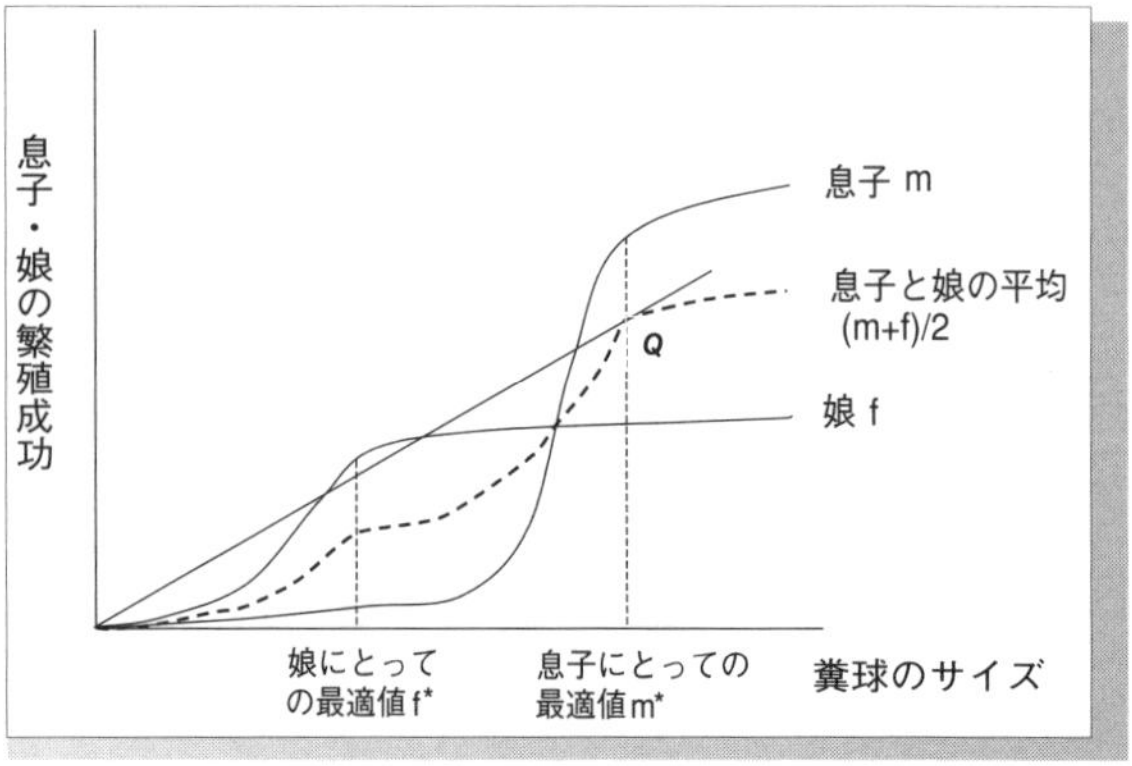

図2-3　親が子の性別を予測できない状況での、親にとっての最適な糞球サイズ　子の性別を予測できないので、子どもの適応度曲線は息子と娘の平均となり、これを点線で示した。この曲線から予測される親にとっての最適な糞球サイズは、息子に対する最適糞球サイズに等しい。

平均となる（図2-3の点線で示した曲線(m+f)/2に相当）。この状況のときに親が期待できる適応度の見返りは、息子の適応度と娘の適応度の和の平均となる（図の点線(m+f)/2に相当）。原点からこの曲線に対して接線を引くと、接点はQとなる。Qは娘の最適糞球サイズf*よりもはるかに大きく、息子の最適糞球サイズm*にほぼ等しいことが分かる。この結果を一般化すると、子どもの性別が予測できないときに、親はよりコストのかかる性の子ども（糞虫ではオス）に対する最適量を息子にも娘にも投資するのが最適ということになる。ちょっと不思議な結論だが、この結論は理論的にも確かめられている。

この奇妙な結論を直感的に考えてみよう。ある時点で親の投資量は、中間的な値だったと仮定する。このとき、平均よりも多く投資する親は有利となる。より多く投資された息子はメスをめぐる配偶競争で格段に有利となるのに対して、より多く投資された娘もわずかに産卵数が増える（ただし投資の効率はいくぶん下がる）。これに対してより少なく投資された息子の繁殖成功はがた落ちになり、より少なく投資された娘の産卵数はわずかに低下する（ただし投資の効率はいくぶん上がる）。すなわち、投資を増やすときには繁殖成功が大きく増えるのに対して、投資を減らすと繁殖成功は大きく減ってしまう。オスの繁殖成功は体サイズの絶対値ではなく、集団における相対値で決まる。その結果、子ども一匹あたり投資量はどんどん増えて、最終的には息子への最適投資量に達したところで進化が止まるというわけなのだ。

この理屈だと、オスは無限に大きくなるんじゃないかと思うかもしれないがそうはならない。オスがランダムに出会って闘争し、勝ったものがメスを獲得するという配偶のしかたでは、オスがある程度以上大きくなると、自分よりも大きなオスの数はどんどん減ってくる。めったに出会うことのない巨大なオスに勝つほど大きくなるのは、実は非効率なのだ。そういうわけでオスのサイズは最適値で安定となる。進化が自然選択によってもたらされる限り、不必要に大きなメスが産まれるという結果は変わらない。この意味で、自然選択は資源の盛大な無駄遣いをもたらす。生物の精妙な適応は、自然選択でも神学的なデザインでも、あるいは複雑系とか自己組織化といったあやしげな理論でも説明できるだろうが、不合理が合理的に生じることは今のところ自然選択でしか説明できない。

現代遺伝学の基盤をつくった偉大な遺伝学者であるモーガンは一九

三〇年代にその著作の中で自然選択を否定し、「性的二型はホルモンの働きによって完璧に説明できる」と述べた。モーガンの意見にしたがえば、岸君による性的二型の説明はありえなかった。この誤りは、生物現象を説明する二つのレベル、直接の因果関係（至近要因と呼ばれる）と自然選択による説明（究極要因と呼ばれる）が矛盾せずに共存することが理解できなかったために生じた。彼のような有能な生物学者にしても自然選択を理解できなかったのだ。

残念なことに、このようなケースは実は、生物学の歴史に頻繁にくりかえし現れ、現代でもめずらしくない。「ダーウィニズムの終焉」という風なタイトルの本は、『種の起原』出版以来膨大な数が出版されている。その風潮は、生態学、進化学、生物地理学といった関連分野での研究が進み、自然選択説の基盤が格段に強まった近年になっても変わらない。もちろん物理学においても、「相対性理論は間違っている」というようなあやしげな本が出版されることがあるが、科学者からまともに相手にはされていない。

これに対して、自然選択説になにかうさん臭いものを感じている科学者は今でもめずらしくない。科学史をひもといた人ならば、偉大な科学者のほとんどすべて、物理学者、実験生物学者から社会科学者にいたるほとんどが、自然選択は間違っていると考えてきたことを知って驚いたことだろう。それどころか、最近の科学史の研究によれば、ダーウィンの番犬とまで呼ばれ、ダーウィンの擁護に尽力したトマス・ハクスレー（一八二五〜九五、ジュリアン・ハクスレーの祖父）ですら自然選択は重要ではないと考えていたほどなのだ。これは偶然ではなく、自然選択説には人間の理解をはばむ要因があると考えたほうが合理的だろう。

現代進化学の基礎を築いた生物学者エルンスト・マイアーによれば、自然選択のような進化生物学特有の理論はそれまで主流だった古典物理学の理論と整合性が悪かったので、科学者に長いあいだ理解されなかったとのことだ。とくに、自然界の因果的プロセスを説明するのに巨大な影響を与えたニュートンやその後継者たちの物理革命とは説明の原理が根本から異なること、それが自然選択に対する不信の理由だと思う。実証主義が極端に強かったフランスでは相当長い期間にわたって自然選択の支持者そのものがほとんどいなかったほどだ。現代でもなお、自然選択の研究が盛んなのは圧倒的に英語圏である。どうやら、自然選択のような蓋然性《がいぜんせい》を含む理論を充分に理解するには、極端な厳密主義はかえって有害なようだ。

自然選択による最適化の説明はもちろん常に適用できるわけではない。たとえば、伝統的狩猟採集社会では近視は非常に不利な性質だったろう。現代社会では近視が急速に増えた。私自身、ろくに勉強しなかったのにもかかわらず、小学校の三年生で視力は〇・五になってしまった。近視が急増した理由として、眼鏡やコンタクトレンズの発達で近視が矯正できるようになり近視が不利でなくなったこと、そして近距離で文字を読んだり、パソコンのモニターを長時間みつめるうえで近視がいくぶん有利かもしれないことも影響しているかもしれない。いずれにせよ、ごく最近の社会環境の急変がもたらした変化であって、近視自体が最適かどうかはよく分からない。

これに対して、ヒトとは異なりよく似た環境で長く生息しているほとんどの生物では、その形や行動の進化的な意味を自然選択に基づいて深く理解することが可能なのだ。ただし、それはとてもむずかしいことだ。進化生態学の研究者は日常的に自然選択に基づく仮説検証を行っているが、それでも魅力的な謎をうまく解くには、自ら生物に即して何度も試行錯誤をくりかえすことが必要となる。むずかしい現象の場合には、どれだけ努力しても解明に失敗するのが普通なのだ。

自然選択とよく似た理論は、実はまったく分野の異なる経済学にある。適応度の代わりに経済的利益を想定し、ヒトが経済合理的にふるまうと仮定すれば、ダーウィンからアダム・スミスの世界までは一足飛びである。人によっては、ダーウィンはアダム・スミスの考えを自然界に適用したにすぎないと考えるほどだ。もちろんヒトはお金もうけを目標に生きているとは限らない。自己犠牲的活動から個人的趣味にいたるまで、生きがいは人それぞれだ。そもそもお金もうけからもっとも隔たっている自然選択の研究を私がしていることは、経済合理性ではとても説明できないだろう。しかしそんな私でも、隣合う二軒の食堂があり、定食の味と内容が同じでしかも一方の値段が安ければ、そちらの食堂を選ぶ程度には経済合理的である。この程度の緩やかな合理性があれば、経済学の論理は成立するのだ。経済学で仮定されているヒトの合理性に比べれば、進化において自然選択が成立する確率ははるかに高い。なにしろ自然選択では、生物が知的で合理的に振舞うことなどまったく仮定する必要もないのだ。

経済学者のポール・クルーグマンは進化学マニアとしても知られている。彼は、経済学を知的で利己的な個人の相互作用の研究と定義している。ここから知的を取りのぞいて対象を普通の生物とすればおおよそ進化生態学の研究となる。いずれの場合も、導かれる結果が直感的予想と驚くほど違うことがあり、それが研究の醍醐味となっている。実際の進化の過程は一歩一歩着実なプロセスを経る歴史的な過程だ。ところが進化生態学では、現状をむしろ進化的安定に達した状態、すなわち進化の結果としてみる。このように仮定することで進化の歴史的過程のごたごたを無視し、手に負えぬほど複雑な問題を扱うことがはじめて可能になるのだ。

たとえば先ほど述べた糞虫の親による子への投資を考えてみよう。親は投資量をどうやって測っているのだろうか？　糞を運ぶ時間コストとエネルギーコストをどうやって統合し評価しているのだろう？　投資量を決めている遺伝的基盤はなんだろうか？　過去の投資量から現在の投資量にいたるまでの歴史的プロセスを全部考慮する必要があるのではないだろうか？　その他膨大にある解明されていない要因をどう扱ったらいいのだろうか？

糞虫における子への最適投資量を解明した岸茂樹君は大阪市立環境研究所の高倉耕一博士の協力を得て、こうした不明要因の一部をも取り入れてコンピュータでシミュレーションしてみた。その結果は、高倉さんの予想どおり投資量と適応度曲線というシンプルきわまりないモデルがいかに有効かを再確認することとなった。結果に影響しない膨大なごたごたはブラックボックスに入れてしまうのが、複雑な現象の理解には不可欠なのだ。ただし、一見些細にみえる要因の中に解明の鍵となる要因がまぎれていることもあるので、ブラックボックス化には繊細なセンスが必要だ。歴史重視派や中間プロセス重視派には堪えがたいだろうが、これまで得られた豊かな学問的成果を考えるとプロセス無視には相当の根拠があると私は考える。

以上のように経済学との比較からも、自然選択説が相当の妥当性をもつことは理解できるだろう。自然選択は、経済学における均衡や最大化の論理と並んで、みかけのシンプルさにもかかわらず、人間にとって本質的理解がもっともむずかしい理論の一つなのだ。厳密さを多少犠牲にするというコストを払っても、複雑な現象を解明するための画期的な洞察を手に入れるという便益を得る。この取引の妥当性を多くの人が理解できないのは人間の知的限界のせいかもしれない。このことは常に頭に入れておいてほしい。

自然選択はトートロジーにあらず

もう一つ気をつけてほしいことは、「自然選択はトートロジー（同義反復）にすぎない」という間違った批判を鵜《う》呑《の》みにしてはいけないということだ。自然選択が生じるには、（1）生物個体のもつ形質に変異があること、（2）その変異の少なくとも一部は遺伝すること、そして（3）変異と適応度（生存と繁殖を統合した生物的成功度）のあいだに相関があること、の三つが必要となる。この三つの条件が満たされれば、多くの場合、自動的に自然選択は生じる。

多くの場合と言ったのは、この論理は偶然にもある程度左右されるので常に正しいとは限らないからだ。著名な科学哲学者のカール・ポパーは自然選択の論理がこのような三段論法であることに着目し、自然選択説を形而上学的研究プログラムとかつて呼んだ。三段論法自体は、自然における生物の実態がどうあれ論理的に正しいからだ。自然選択説がトートロジーだという批判は、ポパーのこの議論に基づくこ

＊自然選択とトートロジー＝トートロジー（tautology：同義反復）とは前提から自動的に導かれる推測のことである。独身の男には妻がいないとか、スピルバーグは今年アカデミー賞をとるかとらないかのどちらかだ、などがその例だ。自然選択は、環境により適した個体が生き残ることを予測する。したがって、生き残った個体は環境により適している可能性が高い。このとき、生き残った個体を環境に適しているから生き残ったと考えるとトートロジーとなる。なぜならば、生き残ったという結果を生き残った原因と判断しているにすぎないからだ。この判断は常に当てはまり、しかも生物学的な内容はまったくない。実際の研究では、生き残った個体の性質を調べて、どの性質が生き残りに影響したかを推論し、その推論に基づいて生き残りやすさをさらに調べるというやり方で研究は進む。この推論は仮説であり、もちろん間違っている場合もあり、明らかにトートロジーではない。こうした研究方法は、たとえば車のレース結果に基づいて、エンジンの不具合を推測し、エンジンの改良をするのと同じである。

とが多い。しかしさすがにポパーも自説の不適切さに気づき、後にはこの考えを撤回することになる。ポパーにとって科学の理論とは物理学の理論であり、生物学、とくに進化理論に特有の自然選択の考えをうまく扱えなかったものと思われる。それにもかかわらず、彼の知識の進化についての理論は、実は自然選択そっくりである。

自然選択が結果オーライの理屈だという批判は実はほんの少しだけ正しい。というのは自然選択をそのように定義することも可能だからだ。ただしこれは最悪の定義だ。うまく生き残り繁殖した個体の適応度は必ず高いと考えれば、この考えは常に正しくトートロジーとなる。これは定義だからあたり前である。もっとも運のいい個体が生き残るなどという説明はこの最悪の定義にぴったりとあてはまる。なにしろ常に正しいのだ。

このような説明が無意味なことは、もっとも運がいい個体を予測することは原理的にできないことで理解できる。宝くじで三億円あてるのはかなり運がいい人だが、八百長でない限り、だれもその人を予測することはできない。これに対して、スポーツの勝敗をあてることは、その確実性はさまざまだが、少なくともある程度は可能だ。スポーツの勝敗をめぐる賭博が存在し、掛け率がおおむね妥当なことはその証拠だ。横綱と幕内下位の力士の対戦結果はかなりの程度予測することができ、その理由もまた突きとめることが可能だ。立ち会いの鋭さ、まわしの取り方や切り方、相手の重心の崩し方など分析のしかたはいろいろある。自然選択を説明するのは、こうしたやり方で横綱が幕内下位の力士よりも強いことを説明することに近い。決して、星取り表をみて横綱が強いと判断しているわけではない。絶対ではないが、かなり合理的にどちらが勝つかを予測できるのだ。これは蓋然性の法則であり、単なる偶然とはほど遠いことをよく理解してほしい。

自然選択の理論にでてくるのは、形質とか適応度といった実感にとぼしい「こと」であって「もの」はでてこない。通常の生物学ででてくる法則性、たとえばＤＮＡがどのように複製されるかなどは具体的な物質に基づいて具体的に説明されるのでだれでも理解することができる。これに対して、適応度（英語ではフィットネス）なんて言葉にすぎないんじゃないか？　そもそも、うまく生き残ったやつを適応度が高いと、結果から判断しているのにすぎないのではないか？　という疑念があるかもしれない。

ところがこうした批判はまとはずれなのだ。すべての生物、あるいはもっと広く複製する単位についての法則は、個別の物質に基づいて説明されてはいけないのだ。ＤＮＡは複製される情報が含まれた媒体だが、情報そのものは媒体がなんであれ、アルファベット、ひらがな、数字、楽譜その他なんでもデジタル情報でさえあれば正確に複製し次世代に伝えることができる。これらをひとまとめにして統一的に説明するには「もの」ではなく「こと」で説明せざるを得ないのだ。もちろんダーウィンの時代には「情報」がどのように複製され子孫に伝達されるのかまったく分かっていなかった。現在では膨大な知識が蓄積されている。それにもかかわらず、自然選択の理論はほとんど影響を受けていない。この事実は、自然科学における説明の階層性を考えねば理解できない。

最後におせっかいかもしれないが、蛇足を一つ。以上の説明を理解したうえで、それでもなお自然選択の説明をうさんくさく感じる人は多いだろう。その理由の一つは、すべてを自然選択で説明できるかのような極端な自然選択万能論があるからだ。とくに、ポピュラーサイエンスではよくみかける。そのためか、自然選択による妥当な説明と極端な万能論を区別できないという意見はめずらしくない。

そこで両者の簡単な識別法を述べておく。それは自然選択では説明困難な現象をどう説明しているかで区別できるというものだ。たとえば、近年、社会的問題となっている極端な少子化や出産の高齢化を、自然選択で説明するのはとてもむずかしいし、おそらくは自然選択上は不利だと考えられる。したがって、このような難問に対して、たちどころに自然選択による説明を与える人は間違っているか、あるいは分かっていてジョークを言っていると考えればよい。これは簡便でかつ信頼のおける識別法だと思う。

3章

スペシャリスト捕食者と被食者の関係

― 熱帯林での実態 ―

研究のきっかけ ― 隔離されたカメムシの集団 ―

さてそれでは本題にもどる。最初の章で述べたように、被食者は捕食を避けるために大きなコストを払っている可能性がある。そのことがはっきりしたのは熱帯での経験だった。私は、一九九〇年からインドネシアで熱帯昆虫の研究をはじめた。金沢大学の中村浩二さんがはじめた研究プロジェクトに参加させてもらったのである。

中村さんは熱帯昆虫の数の変動を明らかにしたいと考えていた。その当時、一年中暖かくて湿潤な熱帯雨林では、一年中昆虫が出現していると考える人も多かった。しかし断片的に集まったデータをみると、暖かくて雨が降り、餌となる植物が一年中ふんだんにある熱帯でも、昆虫には、はっきりとした世代があるらしいことが分かってきていた。インドネシアは東西五〇〇〇キロメートルにも及ぶ広大な群島で、気候条件も熱帯雨林からサバンナまでさまざまだ。そのため、異なる気候条件のもとで、そこに棲む昆虫がどのような数の変動パターンを示すのか解明するのに好適だった。研究プロジェクトに集まった人たちは、植物食のテントウムシ、アリ、カメムシ、ハチなどさまざまな昆虫を研究対象に、熱帯における数の変動を解明しようとしていた。

最初に驚いたのは熱帯の生物の底知れぬ多様さだった。最初に滞在したボゴールには、直径が一キロほどのボゴール植物園がある。この小さな植物園ですら、チョウだけで日本本土に匹敵するほどの種が生息していた。テントウムシの野外調査にあちこちでかけたが、でかける度に新しい種が採集される。しかもそのほとんどがいわゆる稀少種だった。一日採集してわずか二〜三匹しか採れない種、あるいはもっとめずらしい種が大半なのだ。分類学の仕事だったらこのようなめずらしい種が対象のほうがむしろ楽しいだろうが、数の変動を明らかにしようとする生態学の研究では、昆虫の個体数の少なさは難題だった。畑や人里にはそこそこ個体数の多い昆虫もいたが、果たしてこのような昆虫が熱帯の典型といえるかどうか疑問だった。そこで、身近な森林で個体数の多い昆虫を探しはじめた。

ほとんどの人が、熱帯林の奥地に入って研究をする中で、私はあえて街中にあるボゴール植物園の中でカメムシの繁殖生態について研究をはじめた。ボゴール植物園はオランダ統治時代にできた長い歴史をもつ植物園で、園内には東南アジア各地で収集された植物が鬱蒼と茂っていた。その一角にダイフウシの樹があった。ダイフウシは東南アジア熱帯に分布するイイギリ科の樹木で、その種子から精製される大風子油がハンセン氏病の薬として使われた。そのため、かつては東南アジアで広く栽培されたという。東南アジアでは、古くから文明が興

インドネシアのボゴール植物園　園内には巨木が立ち並ぶ。

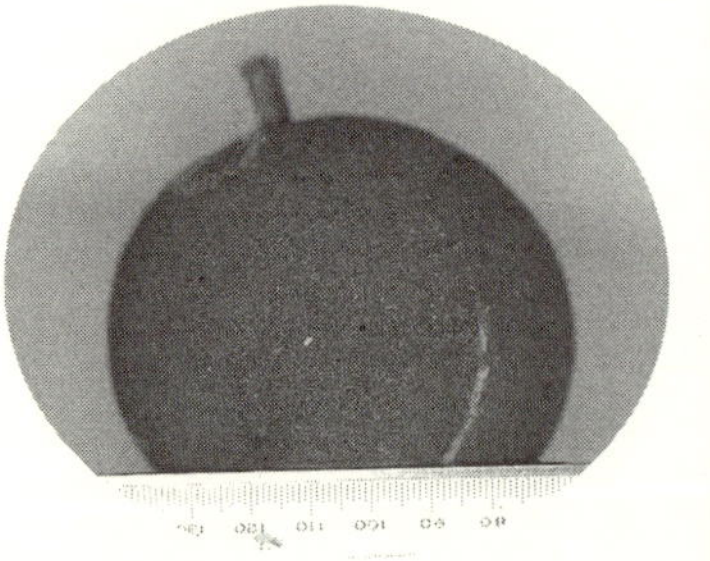

ダイフウシの果実　ソフトボール大で、皮は固い。地上に落ちた衝撃で皮が破れ、そこから雨がしみこみ皮が溶ける。皮が破れていないとダイフウシホシカメムシは吸汁できない。

ダイフウシの木（ボゴール植物園）

り、ダイフウシなど有用樹の栽培もまた古い歴史をもっている。インドネシアのダイフウシが在来のものなのか、あるいは移入種であるのかはもはや謎だ。いずれにせよ、かつて広く栽培されたダイフウシも、特効薬が開発された現在では経済的価値を失い、植物園の外ではわずかに一カ所でしか残されていなかった。

そのダイフウシの樹の下に、その種子を専門に食べるカメムシがたくさんいるのを、アリの調査をしていた伊藤文紀さん（現香川大学）がみつけて教えてくれた。確かに調べてみると、ダイフウシの樹の下のとても狭い一角にだけダイフウシホシカメムシはいた。ほんの二〇～三〇メートル四方にかなりの個体数が生息しているのだが、この範囲を過ぎるとまったくいない。不思議に思い、ボゴール植物園の中をしらみつぶしに調べてみたがやはり調査場所にしか生息していなかった。同じ研究チームの伊藤さんは、植物園の土をほとんどひっくり返してしらみつぶしにアリを調べていたが、それでも調査地の外でダイフウシホシカメムシはみつからなかった。

植物園の樹木構成を調べてみると、調査場所以外にはダイフウシはわずかしかなかった。それで植物園の外へも調査を広げ、地元の植物

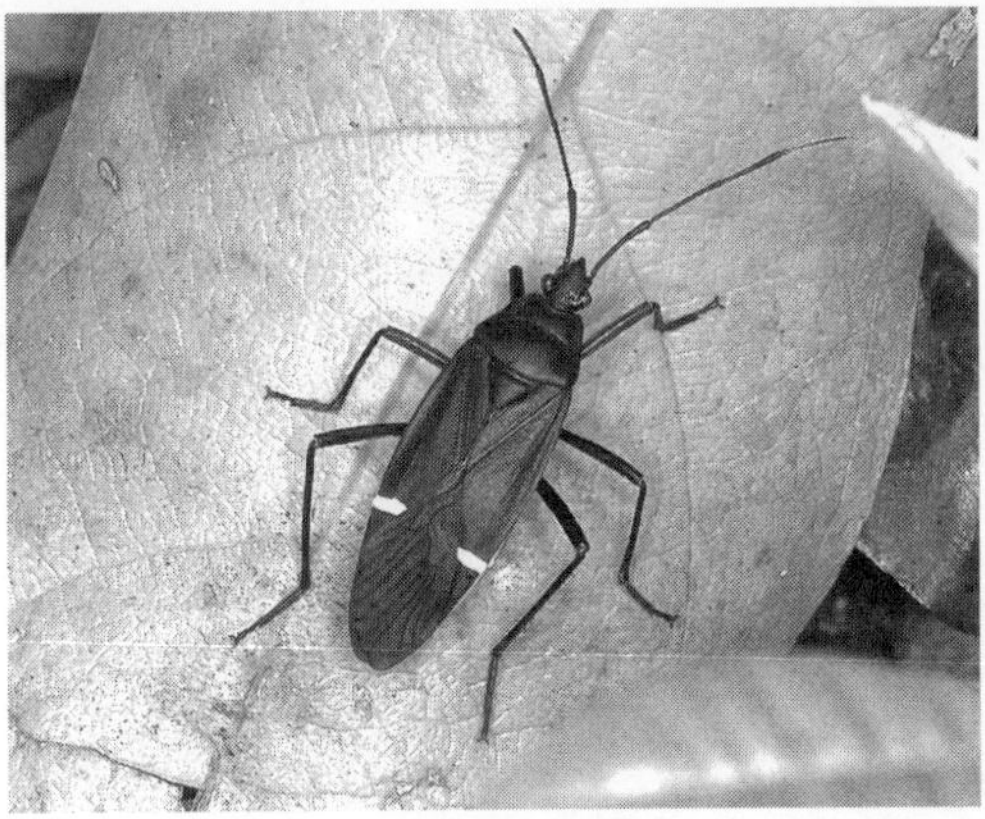

ダイフウシホシカメムシのメス成虫　すでに性成熟していて、背中の体色は黒くなっている。背中の白い線は飛翔調査用の標識。

に詳しい方にダイフウシのある場所をようやくみつけてもらったが、そこにもまったく生息していなかった。つまり、このカメムシは完全に隔離された集団だった。生態学の常識では、このような隔離された小集団は遅かれ早かれ絶滅することになっている。しかし観察する限りでは、個体数はかなり安定的でしかも植物園開設当時から二〇年にもわたりずっと生息しているらしかった。温帯ではこのような昆虫は知られていない。いかにも熱帯らしいこの謎を秘めたカメムシを研究対象とすることにした。

このカメムシは体長が二〇〜二五ミリメートルくらいの大型のカメムシで不思議なことに、体色に大きなばらつきがあった。頭と腹側が真っ赤でそのほかは真っ黒、背中にオレンジ色の星が二つあるものから、腹側の一部が黄褐色でそのほかは真っ黒なタイプまで、連続的な色の変異があった。さまざまな色の組み合わせで交尾が行われているので、同じ種であることは間違いなく、かつオスとメスの違いでもなかった。羽化後間もないまだ新鮮な個体はみな赤・黒の体色で、羽がすりきれた年をとった個体は例外なく黄褐色・黒の組み合わせだった。このような加齢にともなう体色の変異は、カメムシではほとんど知ら

ニシダホシカメムシのメス成虫
類縁は遠いが、外見はダイフウシホシカメムシにそっくりだ。現在のところボゴール植物園以外での生息は知られていない。

れていなかった。おまけに、さまざまな体色の組み合わせのオスとメスが交尾姿勢のまま、群れをつくって地表をぞろぞろうごめいている様は、とても魅力的な謎だった。

このカメムシの繁殖生態については次節で詳しく述べるとして、まずなぜこのカメムシの研究が、捕食者の役割について洞察をもたらしてくれたのかについて説明する。

ダイフウシホシカメムシを研究しているうちに、ごく少数よく似てはいるが明らかに別種のカメムシがいることに気がついた（その後、コネチカット大学のシェーファー博士により新属新種のニシダホシカメムシ *Raxa nishidai* として記載された）。しかも、このカメムシはダイフウシホシカメムシをもっぱら捕まえて食べているのだ。各個体に識別マークをつけて、個体別にその生涯の交尾や生存について詳しいデータをとったところ、この捕食性カメムシはごく個体数が少なく（全部でせいぜい数十匹）かつ、狩りはへたくそでめったに成功しないことがわかった。この捕食性カメムシによる死亡がダイフウシホシカメムシの死亡率に与える影響はせいぜい数%たらずだった。これまでの生態学の常識では、捕食の影響はわずかということになる。

ニシダホシカメムシ成虫（左）がダイフウシホシカメムシ成虫（右）を捕食している。

しかし、よく観察していると、捕食されないのはダイフウシホシカメムシがさまざまな工夫をして捕食されないように振舞っている結果であった。もしそうならば、捕食者が存在することによる影響は捕食死亡ではなく、むしろ捕食を免れた個体が受けたであろう損失（時間やエネルギー）で評価すべきなのではないかという疑問がわいてきた。このアイデアは当時の生態学ではかなり異端であり、賛同してくれる人はわずかしかいなかった。しかし現在では「捕食の非致死的効果」と呼ばれ普及した考えになっていて盛んに研究されている。

ホシカメムシの繁殖の実態

捕食の非致死的効果を調べる前に、まず基本的な生態について知る必要がある。そこで、すべての繁殖虫を個体識別して、野外でその繁殖と生存過程を詳しく調べた。土中に産まれた卵塊からふ化幼虫は、地上に這い出て餌を食べはじめる。三齢まではほぼ地面近くに滞在するが、四齢になると夜間は木をねぐらとするようになる。充分に餌を

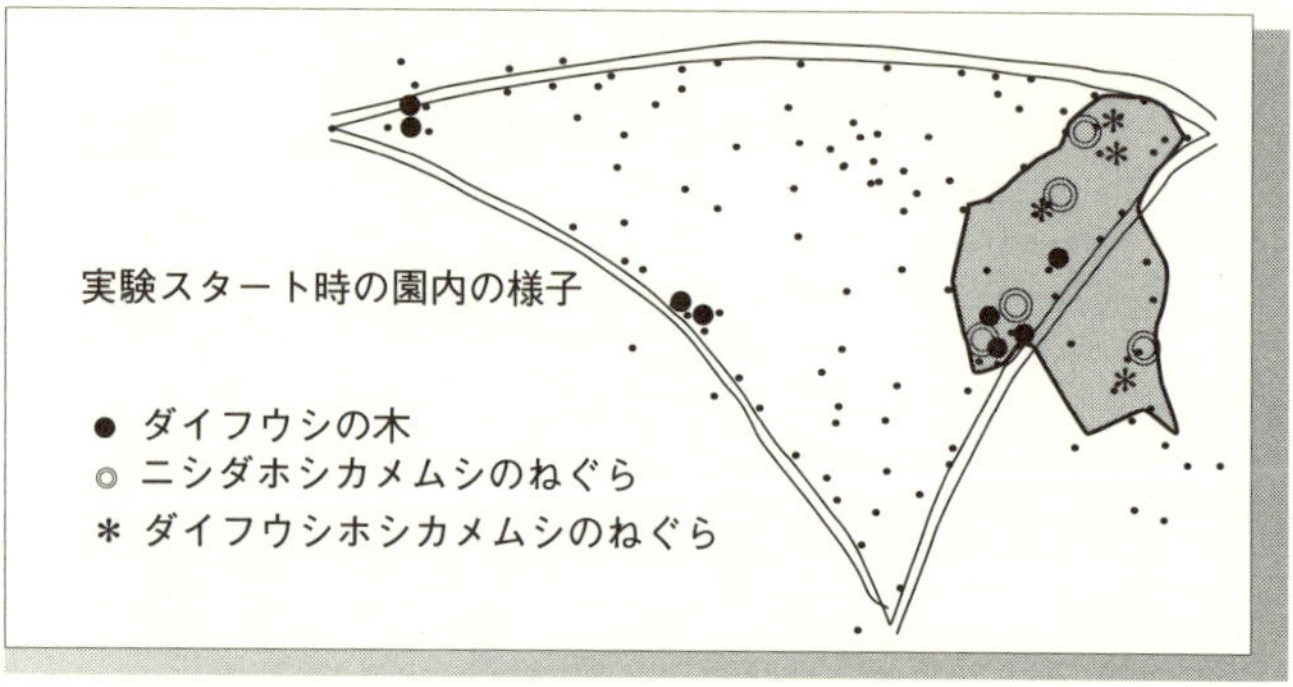

図3-1　調査地の地図　黒丸はダイフウシなど寄主植物を、◎は捕食者ニシダホシカメムシのねぐら、＊印はダイフウシホシカメムシの集団ねぐらを示す。

とった終齢幼虫は灌木の葉で集団を形成し、そこで羽化する。羽化後数日はそこにとどまり、体が充分に固まると地上に移動してダイフウシの種子や果実から吸汁する。羽化から一週間ほどで性的に成熟し、交尾する。このときには体色は鮮やかな赤と黒の警告色で、翅にオレンジ色の紋がある。卵巣の発達にともない、腹部は徐々に膨らみ、同時に体の赤い色はどんどん薄くなり、最終的には体は黒と汚黄色の目立たない体色となる。日中は地上に落ちたダイフウシの種子や果実を吸い、夜には木に登ってそこをねぐらとしていた。

予期せぬ失敗

すべての成虫に識別標識をつけて、ある個体が生涯にどの個体と何回交尾するかを調べた。

実は初回の調査では、個体に番号ではなく異なる色の点を四ヵ所につけて個体を識別した。一ヵ所に色をつけるのに一〇色を使うとすると、一〇の四乗、つまり一〇〇〇〇匹の個体を区別できることになる。色を多く使うほど、似た色が多くなり野外では識別が困難になるので、一ヵ所に七色使うことにした。これで七の四乗、つまり二四〇一匹を

背中に標識されたダイフウシホシカメムシ　ダイフウシの果実で吸汁している。背中につけた標識が思わぬ失敗を招くことになった。

区別できることになる。

実はこのやり方はよくなかった。色を数字に置き換えて個体を記録するのだが、早朝や夕暮れどきなど暗いときには、色の識別がむずかしくなった。しかも疲れていると、色を数字に置き換えるときに間違いがときにおきた。後からデータを整理してみると、同じ番号の個体が同じ時間に別の個体と交尾していることや、同じ番号のオスとメスが出現したりした。記録間違いの訂正にはかなりの知恵が必要だった。個体別の交尾記録を前後にわたって調べることで、大半の記録間違いは訂正することができた。しかし、記録間違い個体の候補となる個体が複数いるときには、どちらが間違いかを決めるのはそう簡単ではない。まず、最初に個体の体色のデータと性別および個体番号の照合を行った。その結果、性別の間違いや個体の体色記録の間違いはほとんどないことが分かった。次いで、正解が分かった個体の情報を使って、どの色とどの色を見間違えやすいかのデータをまとめた。たとえば夕方には、白と黄色をよく間違えることが分かった。ヒトに限らず、色覚には恒常性がある。夕日を浴びたものはすべて赤くみえるはずだが、実際には赤っぽくはなるものの本来の色が分かる。これが恒常性だ。

目にはやや赤くみえるものの、色覚はもとの色は白と判断するのだ。明度についても同じような恒常性があり、夜に降る雪は昼にみる炭よりもずっと暗いはずだが、やはり白く見える。このように視覚や色覚は、ヒトをとりまく環境が恒常的であるように自動的に調整している。実にうまくできた仕組みだ。

ところが、ときどきこの自動調整システムがうまくはたらかないことがあるらしい。個体識別色の見間違えに一貫した法則性があるのは、その例だ。ともかく、見間違えやすさに法則性があることが分かったので、見間違えやすさの順に、見間違った個体に仮番号を与える。仮番号が正しければ、その仮番号の個体にかかわるすべての個体の情報が整合的でなければならない。おもしろいもので、正解にいたると、すべての個体情報がぴたりと整合性をもつ。これはちょっとした快感だった。このようにして多くの見間違いや記録ミスは訂正できた。しかしどうしても分からないミスも残った。そうしたミスを含む個体のデータはすべて解析から除外した。

このようにして見間違えデータはなんとかフォローすることができた。しかし、この失敗はそもそも色と番号を対応させるというやり方がまずかったために生じたのだ。これに懲りて、翌年からは色ではなく数字を用いて個体識別することにした。この効果は絶大で、見間違えは激減した。これは貴重な教訓となった。色を数字で読み替えるという単純作業ですら、野外で長時間行うとミスが目立つようになる。脳は消耗する資源であり、フィールドの作業はできる限り単純化し、脳を無駄に使うべきではないことを思い知らされた。そうやって脳を疲れさせない代わりに、データをながめてあれこれ仮説を考えるのに脳を使うことにした。

脳は、計算など単純作業についてはパソコンにずっと劣るが、一見無関係な現象を統合して考えるなど、複雑な現象の理解には向いていることが分かった。

繁殖履歴の推定

野外で繁殖成功を正確に調べるのはとてもむずかしいのだが、ダイフウシホシカメムシはかなり目立つうえに、長期にわたり交尾姿勢を継続するので、繁殖の履歴がかなり正確に追跡できる。調査が終わった時点で、個体別に日ごとの繁殖履歴、単独か交尾か、交尾相手の個

交尾中のダイフウシホシカメムシ　左がメスで右がオス。メスのほうが体が大きい。

体番号、卵巣の発達度合いなどを整理した。同じ個体との交尾が観察された期間は、交尾を継続しているものとみなした。ただし、その期間中に単独で観察された場合は、交尾を中断し同じ個体と再交尾したものとみなした。メスは卵塊を産むので、産卵直前には腹が大きくふくれ、産卵後には腹がしぼむ。これを利用してメスの産卵回数を推定することもできた。

調査の結果、メスは最大で生涯に四回産卵し、一回に一七〇卵程度を産むことが分かった。これに対して、オスでは最大で生涯に六回交尾していたが、三〇%のオスは一度も交尾をできずに生涯を終えた。オスとメスの繁殖成功のばらつき（分散）を比較すると予想どおりにオスのほうが大きく、繁殖をめぐる競争はオスにとってより厳しいことが分かった。このカメムシの繁殖成功を決めるうえで重要なのは、オスでは交尾の成功でメスでは卵を成熟させる速度だった。

オスでは交尾が成功するか否かが繁殖成功を決めるうえでもっとも重要だったが、具体的にはどのような過程で成功失敗が決まるのだろうか？　オスはメスと交尾するとそのまま交尾姿勢を長く続ける。しかし、ときには途中で交尾姿勢を中断する。どうやら交尾姿勢を続け

*精子競争＝メスが複数の違うオスと交尾をすると、卵の受精をめぐる精子間の競争がおきる。したがってオスでは、精子競争に勝つためのさまざまな工夫が進化している。たとえば、メスが他のオスと交尾しないように警護したり、前に交尾したオスの精子をかき出したり、メスの交尾活性を下げるような物質を交尾とともにメスに注入したり、場合によってはメスを怪我させることでメスの再交尾を防いだりと、あらゆる手段が進化している。しかしその一方で、メスにもそれに対抗する手段が進化している場合もある。

るかそれとも止めるかによって、オスの交尾成功が決まっているらしいことが分かった。実験的に交尾を中断させても、メスは正常に受精卵を産むことから、受精そのものに必要な精子は交尾の初期に移送されていることが分かる。したがって、残りの交尾姿勢はメスを他のオスに盗られないように守る交尾後の警護とみなせる。このような交尾後警護は多くの昆虫でみられ、精子競争を緩和する代表的な手段とみなされている。実際に、オスの交尾継続時間（日数）が長くなるほど、そのオスの交尾成功（他のオスと交尾せずに産卵すること）も高くなることが分かった（図3-2）。

それならばオスは警護時間を長くすればそれでよいのだろうか？　警護時間を長くすると交尾成功は確実になるが、その分、時間コストも大きくなる。もっとも効率的な警護時間は、警護時間あたりの交尾成功が最大になる点によって決まる（図3-3）。複数のオス・メスが存在する状況下で、最適な警護時間はどうなるだろうか？

この問題については、すでに理論的な答えがでていて、メスが産卵するまでずっと警護を続けるか、あるいはまったく警護しないかのいずれかが進化的に安定な戦略（Evolutionarily Stable Strategy）になるこ

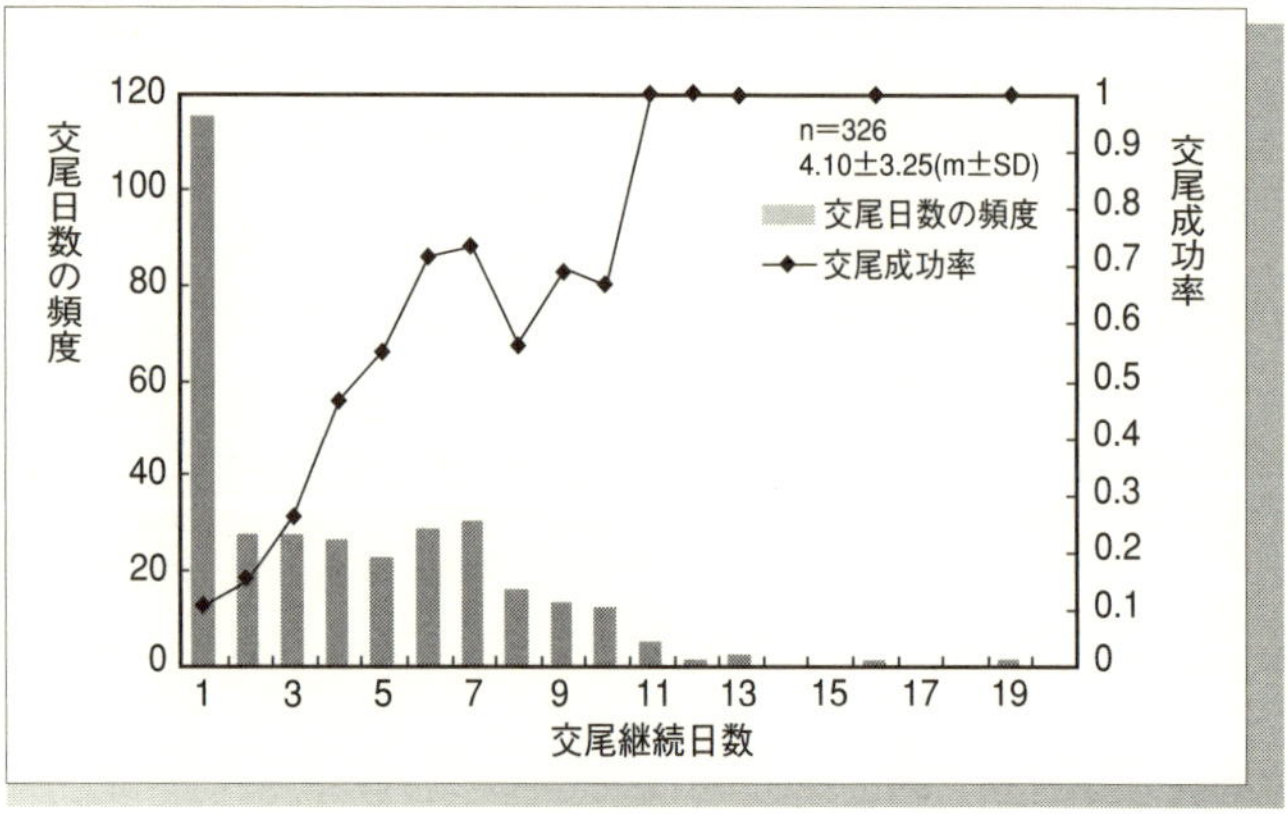

図3-2　交尾日数の頻度分布（棒グラフ）と、交尾日数の違いによる交尾成功率（折れ線グラフ）
長く交尾をすると交尾成功率は高くなり、11日で100％に達する。

とが分かっている（Yamamura 1986）。その理由を考えてみよう。オスは交尾をする時点で、メスがあとどれくらいで卵を産むかを識別し、警護をするかしないを決めるとする。ひとたび警護をはじめると、警護したメスの価値はどんどん高くなっていく。なぜかというと、産卵するまでの時間がどんどん短くなっていくからだ。つまりオスは警護すること自体で警護しているメスの価値を高くするのだ。そうなると警護とともにメスの価値はどんどん高まるので、結局、メスを最後まで警護することになる。逆に、警護がコストに見合わなければそもそも警護をしない。というわけで、警護は完全にするかしないかのいずれかになるというのが、理論的帰結となる。

　ところがダイフウシホシカメムシでは中途半端な警護時間がしばしば観察された。メスは周期的に産卵をくりかえすので、産卵直前になるほど腹が成熟卵で満たされ太ってくる。なれてくると、メスのおなかのふくれぐあいからあと何日くらいで産卵するかが分かる。もし独身メスが大きなおなかを抱えていたら、交尾をしたあと短時間警護することにより、交尾成功が期待できる。逆にやせた独身メスならば、交尾後に長い時間をかけて警護しなければ交尾成功は望めない。いず

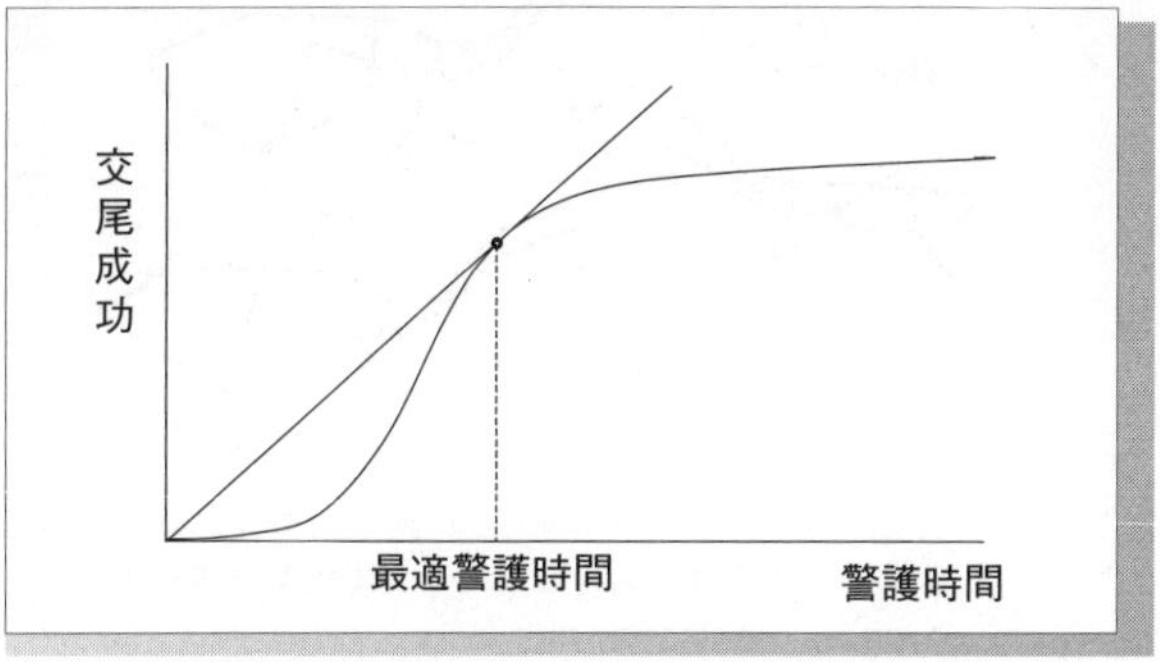

図3-3　最適な交尾時間の決まりかた　2章で説明した、最適な糞球サイズの決まりかたとまったく同じ論理であることに注意。このように最適化の方法は異なった生態現象に広く適用することができる。

れも得られる交尾成功自体は同じだが、費やした時間コストは前者でずっと小さいので、警護効率は前者でずっと大きくなる。つまり、オスが自由にメスを選べるならば、なるべく太ったメスから次々に交尾をくりかえし警護しないのが、最善となるはずだ。

現実には、そのようなハレム的状態はありえない。最適警護についての理論では、オスは警護をはじめる時点で警護するかしないかを決めると仮定されていた。この仮定を緩めてみてはどうだろうか？　とりあえず警護してみて、もっと魅力的なメスが現れたらそちらに乗り換えるという折衷戦略のほうがすぐれているかもしれない。しかしこのような折衷戦略は本当にすぐれているだろうか？　新たに現れたメスが交尾を拒否すれば、虻蜂取らずになる可能性もある。それまでこうした折衷戦略は知られていなかった。そこでこの折衷戦略仮説を検証してみた。

オスによる交尾相手メスの警護方針

まず独身オスに対して二匹の独身メスを与えて、どちらのメスを交尾相手に選ぶかを調べた。二匹のメスは、おなかのふくれぐあいがさ

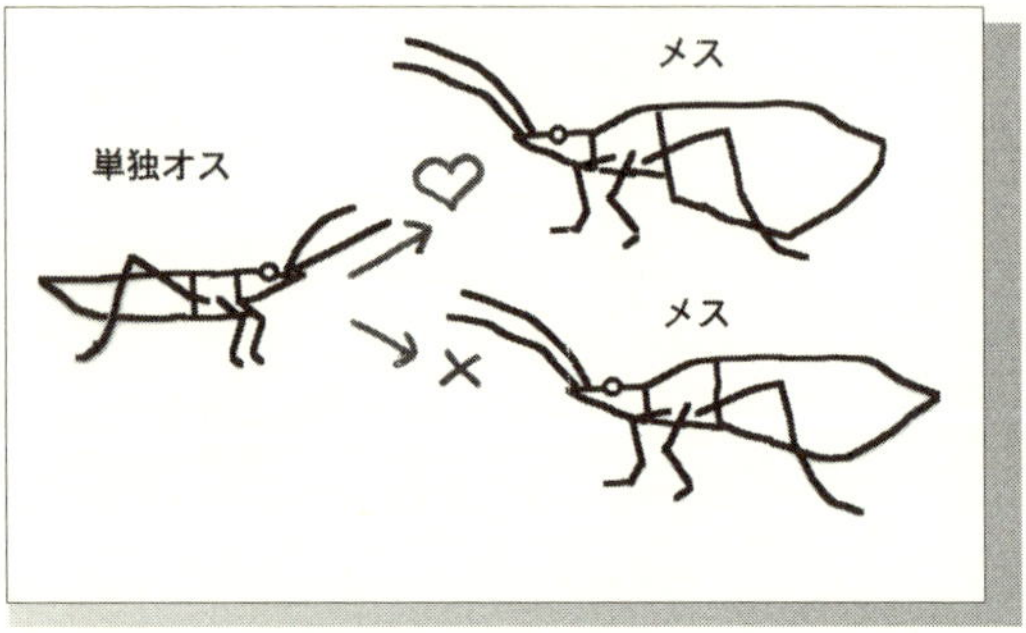

実験１　オスはメスの成熟度で交尾相手を選んでいるらしい。意外に賢いのだ。

まざまに異なるように組み合わせた。結果は実にシンプルだった。オスは太ったほうのメスとまず交尾しようとした。しかし、メスが交尾に応じなかったときにはやせたほうのメスと交尾した。オスはメスの警護時間コストが識別でき、しかもメスが交尾に応じないときには次善の策を選んだ（表3-1）。意外に賢いのだ。

次にオスがメスを警護中に、新たに別のメスを導入し、オスが交尾を中断して交尾相手を乗り換えるかどうかを調べた。この場合には、独身のときとは違ってオスはもっと慎重だった。つまり交尾可能なメスが現在警護中のメスよりもかなり太っている場合に限り、オスは交尾を中断したのだ（表3-2）。交尾を中断しても相手メスが交尾に応じなかった場合もあった。結果的には交尾を中断して新たなメスに乗り換えた場合に、わずかに交尾成功

表3-1　オスによるメスの選択実験の結果

1　最初に交尾を試みたメスの卵巣発育度		
卵巣がより発育	同じ	卵巣がより未発達
36	15	0
2　最終的に交尾相手としたメス		
卵巣がより発育	同じ	卵巣がより未発達
28	5	7

1は、最初に交尾を試みたメスの卵巣とそうでないメスの卵巣の発育度を比較したもの。2は、最終的に交尾相手となったメスとそうでないメスの卵巣の発育度を比較したもの。1と2の結果を総合すると、オスは最初により卵巣の発育したメスを選んで交尾しようとするが、メスが交尾に応じないときには次善の策として別のメスを選択することがわかる。

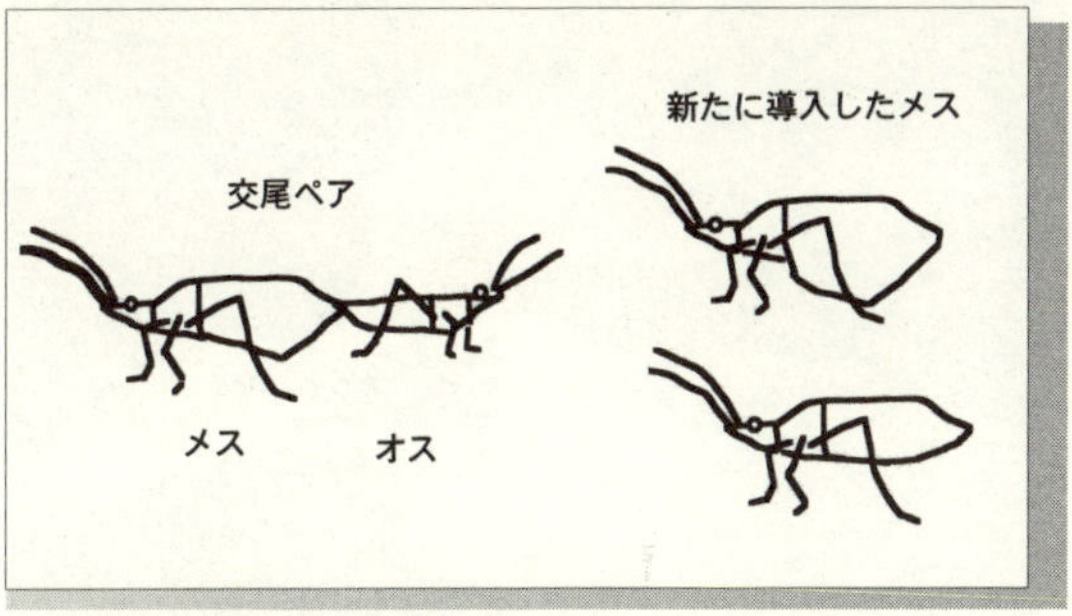

実験２　交尾中に、新たに単独のメスを１頭導入する。
オスはどうするだろう？

は高まった。もしオスが神のごとく全知全能であれば、どの手段をとっても同じ繁殖成功を実現するだろう。野外でも、ほぼそれに近い状況が実現していた。わずか二センチメートルほどの昆虫が、人間が計算してはじめて分かるような最適解を実現しているのだ。このことは、自然選択がオスの警護判断を最適化していることを強く示唆していた。

野外で、オスがどのように警護相手のメスを乗り換えるかを詳しく分析してみた。より太ったメスに乗り換えた場合、同じ程度のメスに乗り換えた場合、よりやせたメスに乗り換えた場合のいずれもがあった。室内実験の結果と照らし合わせると、乗り換え対象のメスが交尾に応じなかった場合には、やせたメスと交尾せざるを得なかったことが分かる。野外でもオスはうまく振る舞っているらしい。野外現象だけをみると、交尾相手を乗り換えて

表3-2　交尾中のオスによるメスの選択実験の結果

卵巣がより発達しているメス	実験回数	交尾中断の回数	乗り換えに成功した回数
新たに導入したメス	30	12	9
どちらも同じ	10	0	0
交尾中のメス	30	0	0

交尾中のオスに対して、さまざまな卵巣発育度のメス１匹を新たに導入して、オスが交尾を中断し交尾相手を変えるかどうかを調べた。交尾相手を変えたのは、新たに導入したメスが交尾中のメスよりも発達した卵巣をもつ場合に限られた。しかし、交尾を中断しても新しいメスが交尾に応じるとは限らないことが分かる。

産卵直前でおなかが大きくふくれたダイフウシホシカメムシのメス　メスは産卵直前になると交尾をやめて、産卵場所を探す。

も得しているようには思えない。しかし、もしオスが最適に振る舞っているならば、乗り換えても乗り換えなくても損得はほぼ同じになるはずなのだ。野外データはこの予想どおりのことがおきていることを示していた。

以上の結果から、オスはとりあえず交尾メスを警護し、警護中にずっと卵巣発育の進んだメスに出会うと交尾を中断して乗り換えることがある。そのため警護時間には大きなばらつきが生じる。そしてそのばらつきは、オスが警護効率が最適になるように振る舞っているためだということが分かった。

メスにとっての交尾からの利益

ここまでの話は、あくまでオスにとっての交尾の利益だ。利益の主体をメス個体とみなすと現象は異なった側面をみせる。

メスにとっての交尾の利益とはなんだろうか？　まず交尾をしなければ受精卵を産めないから、一度は交尾する必要がある。実験的に複数回交尾をさせても産卵数も受精率も上がらないことから、複数回交尾には生理的な利益はない。異なるオスと交尾することで子どもの遺

性成熟しているが、まだ卵巣が未発達でやせているダイフウシホシカメムシのメス

伝的多様性が高まる可能性はあるが、これが果たして有利か不利かはあいまいでまたその利益はわずかである（註：メスがオスをでたらめに選んで一回だけ交尾をしたときと、複数回交尾をした場合では、子どもの遺伝的多様性の平均値は変わらない。ただし子の適応度のばらつきは複数回交尾で多少小さくなるので、それはわずかだが有利となる）。しかし、もしオスによる警護がメスの適応度を高めるならば、それはメスの遺伝的利益などよりもはるかに重要だ。それではは っきりとした利益はないのだろうか？

交尾ペアの行動を観察していて、メスの利益は簡単にみつけることができた。メスは交尾姿勢のときのほうが、単独のときよりも捕食されにくいのだ。メスは地上に落ちたダイフウシの種子を吸汁する。頭は地面近くまで下げているので、捕食性カメムシ（天敵）の接近にはなかなか気づかない。そのため捕食されることがしばしばあった。これに対して、警護中のメスが吸汁しているあいだにオスは頭を高く上げて触覚を小刻みにふるわせて警戒姿勢をとる。捕食性カメムシが近づくと、オスは敏感に反応して逃げる。警護オスが逃げると同時にメスも逃げることができるので、警護中のメスは単独メスよりも安全な

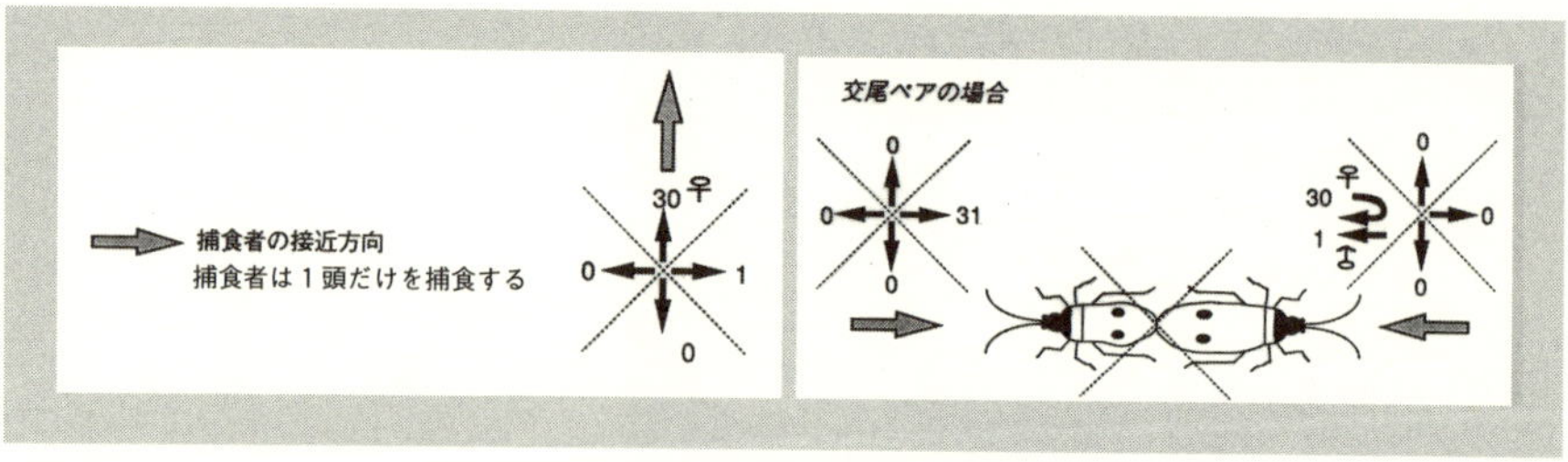

図3-4　交尾ペアの逃走方向　交尾中のペアに対して、捕食者のダミー（模型）を近づけてどちらの方向に逃げるかを調べた。常にメスが先頭となって捕食者から逃げることがわかる。捕食者は後ろから襲いかかるので、オスが犠牲になりやすいことが理解できる。メスの前方から捕食者が接近したときには、一瞬オスとメスの引っ張り合いがおき、それからメスが先頭になって逃げる。このことは、オスとメスの利益が対立し、体サイズの大きなメスが主導権を握ることを示す。

のだ（図3-4）。しかも逃げるときには、メスは常にメスが先頭になって捕食者から遠ざかるように逃げる。単独でいるときならば、オスもメスも捕食者から遠ざかるように逃げる。したがって、交尾中にはメスはオスを危険にさらすことでさらに安全を計っている結果となる。

実際に、交尾ペアが捕食性カメムシに捕まった場合にはオスが捕まる確率が高かった。捕食性カメムシは一度に一匹しか殺さないので、交尾相手オスが殺されて吸汁されているあいだに、メスは交尾姿勢を解いて逃げるのに成功していた。したがって警護姿勢を続けることは、オスにとってもメスにとっても利益がある。オスは交尾成功を高めることができ、メスは捕食を逃れて採餌に専念できる。いっしょに行動していても本来の利益は異なるという、典型的な同床異夢というわけだ。このことから判断して、捕食のリスクがうんと高くなるといずれはオスにとっても交尾後警護の利益は相殺されてしまい、オスは警護しなくなることが予想される。この予想は次章で実証される。

ここで注意してほしいのは、野外で頻繁に生じるような状況に対しては自然選択は最適解をもたらしうるが、逆に野外で生じないような状況に対しては自然選択は無力だということだ。たとえば、オスに対して太ったメスを無制限に与えればオスは警護をせずに次々に交尾をくりかえすことが予想できる。しかし現実には、警護時間は短くなるもののまったく警護しないという状況は生じない。野外ではオスとメスの比率はほぼ等しいので、ダイフウシホシカメムシのオスにとって独身メスが無数にいるなどというハレムのような状況は生じない。したがって、人為的にそのような状況を設定してやっても最適に振る舞えないのだ。自然選択は野外で実際に生じる状況にはうまく対応できるが、実際には生じない状況にはお手上げなのだ。

捕食圧の操作実験 ―野外における検証―

どうやって実証するか

私が直面した問題はいかにして、こうした捕食の非致死的効果を実証するかということだった。実験室で検証するのは無理だった。というのは、ダイフウシホシカメムシは捕食者に出会うとしばしば樹に登って樹上で餌を採らずに過ごすという形で捕食を避けるのだが、実験室内に樹木をもちこむのは費用がかかりすぎてとても無理だった。そこで私は、野外で人為的に捕食圧を変えてやり、それにともなって被食者の損失がどのように変化するかを確かめることにした。

私が発見した捕食者は新種でありしかも私の調査地以外ではまったく知られていない。しかも個体数が極端に少ないので、捕獲して個体数を減らすと絶滅させてしまう危険がある。そこで、捕食者の成虫と老齢幼虫だけを捕獲して別のところに隔離し捕食圧を下げてみることにした。捕食者の弱齢幼虫は生き残っているが、彼らは体サイズが小さくて被食者の成虫や老齢幼虫にとっては脅威ではない。さらに成虫を取りのぞいたので、彼らが産むであろう次世代の個体数も減らすことができる。したがってこの方法により、被食者は捕食者が大きく育ち個体数を回復するまでのあいだしばらくは、捕食から逃れることができるはずである。逆に、捕食圧を高めるためには、被食者の数を減らすことにした。被食者の数を半減させれば捕食圧を二倍にすることができるというわけだ。一九九〇年の冬に捕食者の成虫と老齢幼虫を取りのぞいて、捕食圧を下げた。そのあと定期的に九四年まで被食者にどういう変化がでるかを追跡した。

ニシダホシカメムシ幼虫（上）によるダイフウシホシカメムシ幼虫（下）の捕食　ニシダホシカメムシの幼虫の体色や斑紋は成虫とはかなり異なる。

捕食圧を変える

八ヵ月後、調査地に行ってみると、捕食者も被食者も無事に多数生き残っていた。被食者にはそれほど大きな変化はなかった。ある程度目についた変化としては、樹に登って餌を採らずに過ごす被食者がやや減ったことと、まだ若くて性成熟直後のメスの多くが交尾していたことが挙げられる。しかしいずれにせよ、捕食者を減らしてみても、被食者には際立った変化はなかった。この結果は、次の二とおりに解釈できる。一つには、（1）そもそも捕食者の影響はごく限定的だというものであり、もう一方は、（2）通常レベルの捕食者の影響は捕食圧がごく低くても顕われるものだというものである。どちらが正しいかは、捕食圧を上げることで検証できる。捕食圧を上げても変化がなければ、（1）が正しく、大きな変化があれば（2）が正しい可能性が高い。一九九四年の調査終了時に被食者の成虫を除去してその後の影響を追跡した。

一年半後に調査地にでかけた。捕食圧を上げたことの影響は甚大だった。捕食圧を上げたことで生じた変化は、以下の四つだった。すな

図3-4　捕食圧に応じたダイフウシホシカメムシの飛翔能力の変化　1990--91年にはごくわずか飛ぶ個体がいたが、捕食圧を下げると飛ぶ個体はほぼいなくなった（1993、94年）。1994年の調査終了時に捕食圧を上げると、1996年以降、飛翔能力は急激に高まった。ただし飛ばない個体もかなりいた。左（オス）右（メス）。NFは翅も開かない、十は翅は開くが飛ばないことを意味する。

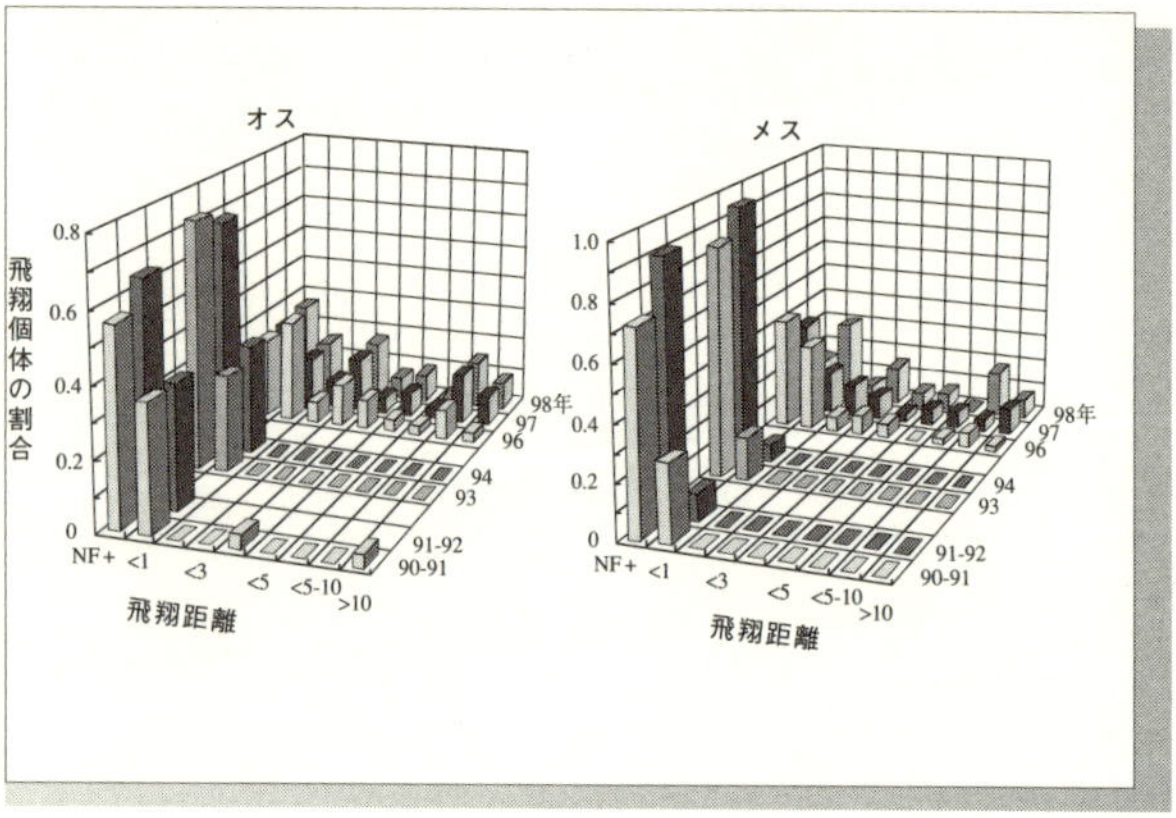

わち、①飛ぶようになった、②若いメスは交尾しなくなった、③樹上にいることが増えた、そして、④寄主植物から遠いところに移動した。

それぞれについて説明する。

飛ぶようになった

いちばん驚いたのは、それまでめったに飛ばなかったダイフウシホシカメムシの中に飛ぶ個体が出現したことだった。実は、調査開始後に知ったミラーの本（Miller 1971）では、被食者は飛ぶことになっていた。ミラーは、第二次世界大戦の前にマレー半島のプランテーションでダイフウシホシカメムシの研究をしていた。そこにはダイフウシの果実がなり、地上に落ちるとどこからともなくダイフウシホシカメムシが多数飛来すると書かれていた。ただしその他の記載には不正確な点も多く、実は内心飛ぶことを疑っていたのだった。

飛ぶといってもぶんぶん飛び回るのではなく、せいぜい滑空する程度だった。樹の梢《こずえ》から地表に滑空して降り立つ姿がときおり観察された。問題は滑空の適応的な意義である。被食者は、夜は樹の梢で過ごし、朝になると樹から地表に移動して地表に落ちている種子を吸う。

一方、捕食者は樹上高く登ることはなく、いつも地表で狩りをしていた。捕食者は、朝には樹の根元に集結しているので、被食者が歩いて梢から地表に移動すると捕食者の群れの中を通らなければならない。滑空の適応的意義は、梢から地表に滑空して降りれば捕食者に出会わずに済むことなのではないかという仮説を考えた。この仮説を実証するために、直接観察と間接的な実験を組み合わせて行った。

まず滑空行動を観察した。早朝、梢に日が差しはじめると梢から地表に滑空して降りるのが観察できた。滑空はあまり上手ではなく、なんとか地上に降り立つという風だった。あたり前だが、梢から地面に滑空するまでに捕食者に襲われたことは一度もなかった。これに対して、梢から幹を歩いて地表に移動する場合にはときどき捕食者に襲われる場合があった。歩行中の個体が、樹木の低い位置で捕食者に出会うと、一部の個体はそこから滑空して地表に降り立ち、その他の個体はふたたび幹を歩いて梢にもどっていった。運の悪いごく一部の個体は、捕食者に捕まってしまった。

直接観察には捕食回避行動が直接確かめられるという利点があるが、観察の効率は低く定量的なデータにはなりにくかった。そこで直接観

飛翔行動を調べるために背中に白線で標識されたダイフウシホシカメムシ　翅は折りたたむと着物のように左右いずれかが上になるので、折りたたみ方が変わると、白線の一部が切れてみえる。この個体は、飛んだために翅の折りたたみ方が変わり白線が切れてみえる。

察に加えて間接的に、滑空したかしないかと生存率の関係を調べることにした。

カメムシ類は、着物の前を合わせるように前翅《まえばね》を重ねて背中にしまう。しまうときに左右どちらの翅が上になるかは、ランダムに決まっていて右利きとか左利きという傾向はない。前翅を折りたたんだ状態で翅を横断するように一筋の白線を描いておくと、そのカメムシが翅をふたたび折りたたんで、しかも折りたたみ方が前回と違った場合にのみ、線に断点が生じる。カメムシは滑空時以外には翅を折りたたむことはほとんどないので、翅に書いた線に断点があれば滑空したことがわかる。この方法は、滑空しても翅の折りたたみ方が前といっしょならば滑空していないとみなされるので、滑空率を過小に評価してしまうという欠点がある。しかしこの方法で、滑空率に違いがあれば、確実に違うとみなすことができる。

夕方、梢にもどる個体の背中に白線を描き、翌朝、地上にはじめて出現したときの白線の状態を記録した。結果は、明確だった。まず、滑空したとみなされた個体は、いずれも飛翔能力をもっていた。そして、滑空している個体のほうが、滑空しなかった個体よりも、翌朝、

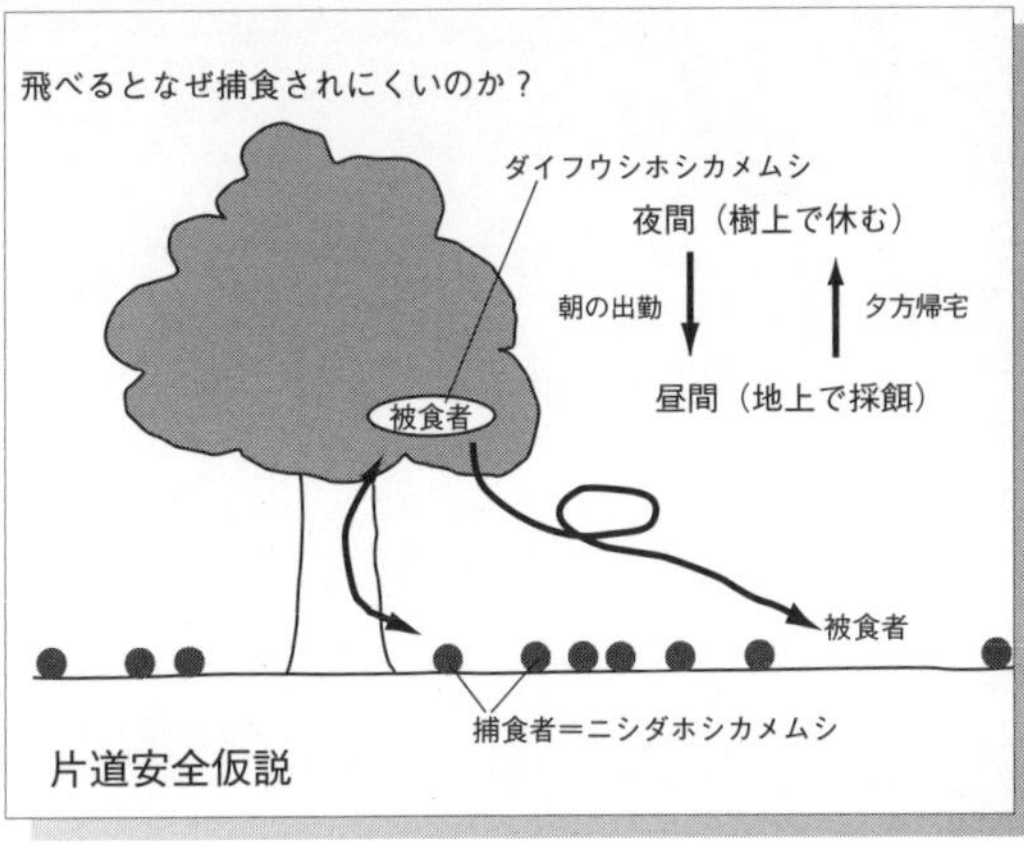

図3-5　飛べると捕食されにくい理由
ダイフウシホシカメムシは木の梢で夜を過ごす。朝になると木の梢から滑空して地上に降り立ち、地上で餌を摂る。飛べない個体は歩いて地上に降りるが、木の根元には捕食者＝ニシダホシカメムシが密集しているのでその中をくぐりぬけないと餌にはありつけない。ただし、飛べるとはいっても滑空できるだけなので、夕方ねぐらに帰るときは歩いてもどらざるを得ない。飛べる個体は餌場への通勤で片道だけ安全ということになる。

地上で餌を摂っている確率が高かった。被食者カメムシは滑空するだけで、地表から梢へ飛んで移動することはできなかった。つまりその程度の飛翔能力というわけだ。したがって、地表の餌場所から梢の休息場所へ移動するときには、歩いて移動せざるをえない。飛ぶ個体も「行き」は安全だが、「帰り」は飛ばない個体と同じ安全度のはずである。これについては、夕方、地表で帰宅個体を記録し、夜に梢の休息個体を調べることで確かめることができた。確かに、帰宅については飛ぶ個体も飛ばない個体も同じだった。

飛ぶ個体と飛ばない個体

以上の結果、飛ぶことができると休息場所から餌場所への「通勤」において「行き」は安全になることが分かった。それでは飛ぶ能力はどのように決まっているのだろうか？

個体番号を記録した個体の飛翔能力を何度も測定して、日齢によって飛翔能力がどのように変化するかを調べてみた。飛翔能力については、低い梢から地表に滑空して降りることを考慮して高さ三〜四メートルへ投げ上げたときの飛翔距離を測定した。これはトス実験という素朴な方法であるが、野外で観察された飛翔距離とうまく一致していた。さらに同じ個体を複数回測定して、測定の誤差がどの程度あるかも調べてみたが、誤差はごく小さいことがわかった。さて、日齢による飛翔能力の変化にははっきりとした傾向があった。羽化直後のまだ性的に成熟していないときに飛翔能力はいちばん高く、その後、能力は下がっていった（図3-6）。この傾向はとくにメスではっきりしていて、卵巣が発育した個体が飛ぶことはなかった。理由は簡単で、卵巣の発育に飛翔のための筋肉を溶かしてその養分を利用してしまうから

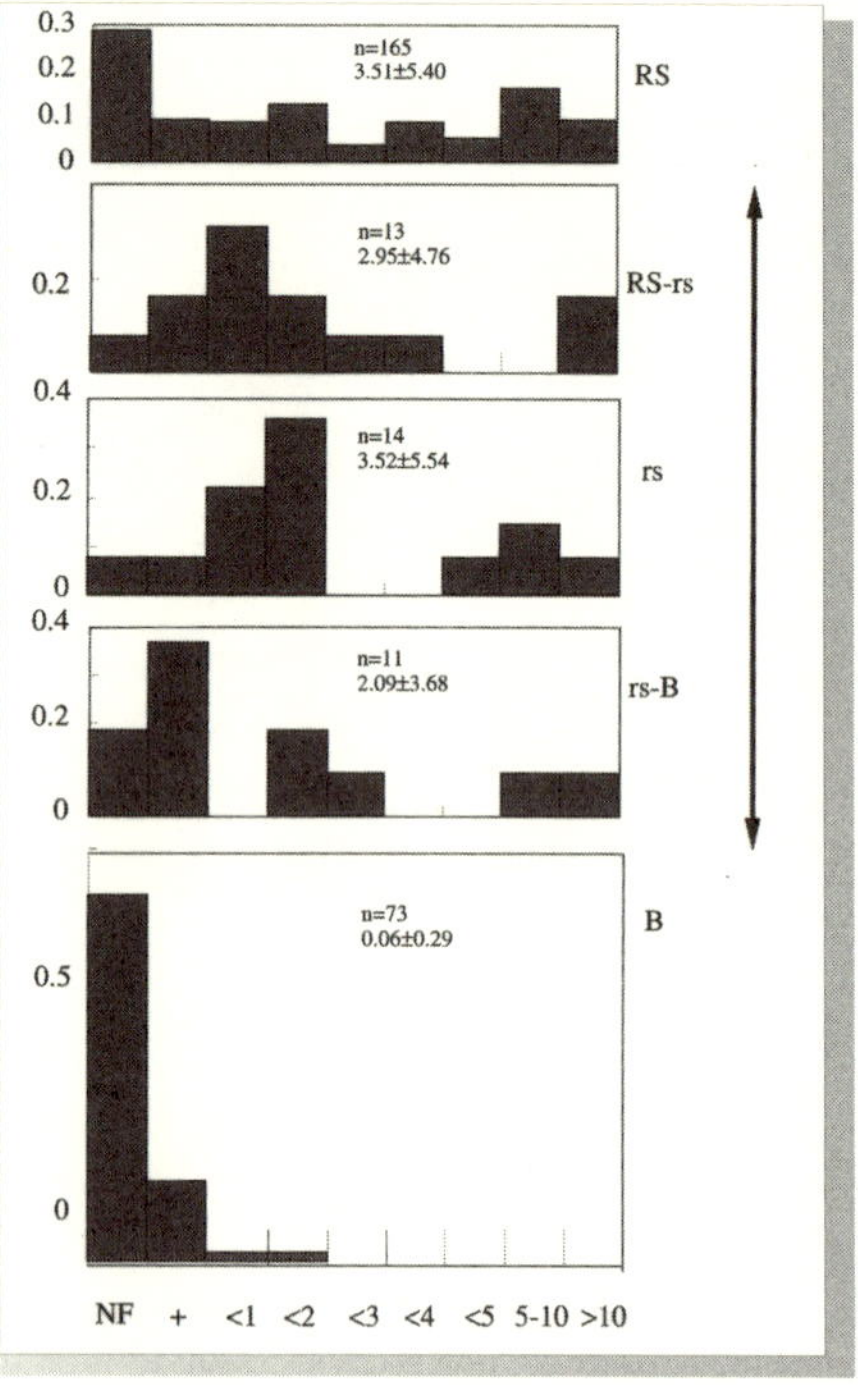

図3-6　加齢にともなう飛翔能力の変化。成虫の齢は体色の違いに応じて5段階に分けた。いちばん上が成虫になった直後で赤と黒の警告色の段階、いちばん下が黒と汚黄色の隠蔽色になった段階を示す（メス）。

だ。これに対して、オスでは飛翔能力のばらつきが大きく性成熟しても飛ぶ個体もあり、また飛ばない個体もあった。

それでは、交尾ペアは飛ぶことができるのだろうか？　これははっきりとしていて、交尾ペアは滑空できなかった。卵巣が発達して成熟卵を多量にもっているメスは見た目にもいかにも重く、トス実験のときに地面すれすれでキャッチしないと墜落の衝撃でひどいケガを負うことも多かった。これではたとえオスの飛翔能力が高くても、交尾ペアが滑空することができないのも無理はなかった。よく考えてみれば、仮にオス・メスの両方が高い飛翔能力をもっていたとしても、ペアが飛ぶのはむずかしいだろう。というのは、交尾ペアは腹部の末端で連結しているので、互いに後ろ向きの姿勢なのだ。この格好のままで飛べば、互いに逆向きに飛ぶはめになり、飛翔力が相殺されて落ちてしまうに違いない。

交尾ペアが飛ぶ昆虫、たとえば、トンボやチョウを例にあげて説明しよう。トンボでは、オスはシッポの先でメスの首ねっこを捉まえるので飛ぶ方向はオスとメスで同じだ。それで、オス・メスがいっしょに飛ぶ。チョウではカメムシのように腹部の末端で反対向きに連結し、交尾する。そのためペアが飛ぶときには、オス・メスのいずれかは翅を閉じて片方だけの推進力で飛んでいる。ただし飛び方はへたくそだ。チョウの高い飛翔能力ゆえに可能な方法だろう。滑空するのがやっというダイフウシホシカメムシではとても無理だろう。

話は横にそれるが、このカメムシの中途半端な飛翔能力は、飛翔能力がどのように進化するかについて重要な示唆を与える。

自然選択による進化を否定する論拠の一つとして、完成したときにはじめて能力を発揮するような形質の進化を説明できないというものがある。鳥の羽根は飛べるようになってはじめて意義があるのであって、中途半端な羽根にはなんの意味もないどころか有害だというものだ。しかしこのカメムシから、中途半端な飛翔能力でもないよりはずっとましということが現実にあり得るということが分かるのだ。もちろんこのカメムシの場合には、飛翔能力が二次的に退化したわけで、現在、進化の途上というわけではない。しかし、自然選択によって、飛べないカメムシから飛べるカメムシが出現しうることは容易に想像できる。

飛翔能力のコストとベネフィット（利益）

同じ集団の中に、飛ぶ個体と飛ばない個体が共存していてその比率が捕食圧によって変わっていた。ということは、捕食圧が低いあるいはないときには飛ばないほうがよく、逆に捕食圧が高いときには飛べたほうがよいことを意味する。

生物のもつこうした適応的な性質を進化させた原動力は自然選択であり、現在でも捕食圧という選択圧の変化によって飛ぶ飛ばないが変化しているのだ（ただし捕食者に出会う経験によっても飛ぶ飛ばないは変化した）。メスの場合、飛翔能力のコストは明確だった。なにしろ高い飛翔能力を保っている限り、繁殖ができないので性成熟とともに飛翔能力は失わざるをえない。これに対して、オスでは飛翔能力のコストは微妙だった。性成熟とは無関係に高い飛翔能力を維持するオスもいた。ただし、飛翔能力の高いオス個体では性成熟がやや遅れる傾向があり、これがなんらかのコストになっている可能性もある。オスにとっても飛翔能力のコストについては現在でも不明な点が多い。

飛ぶ飛ばないのコストは、適応度で測るのがいちばんだ。ただし、特定の個体が飛ぶ飛ばないは日齢によって変わる。違いは加齢してか

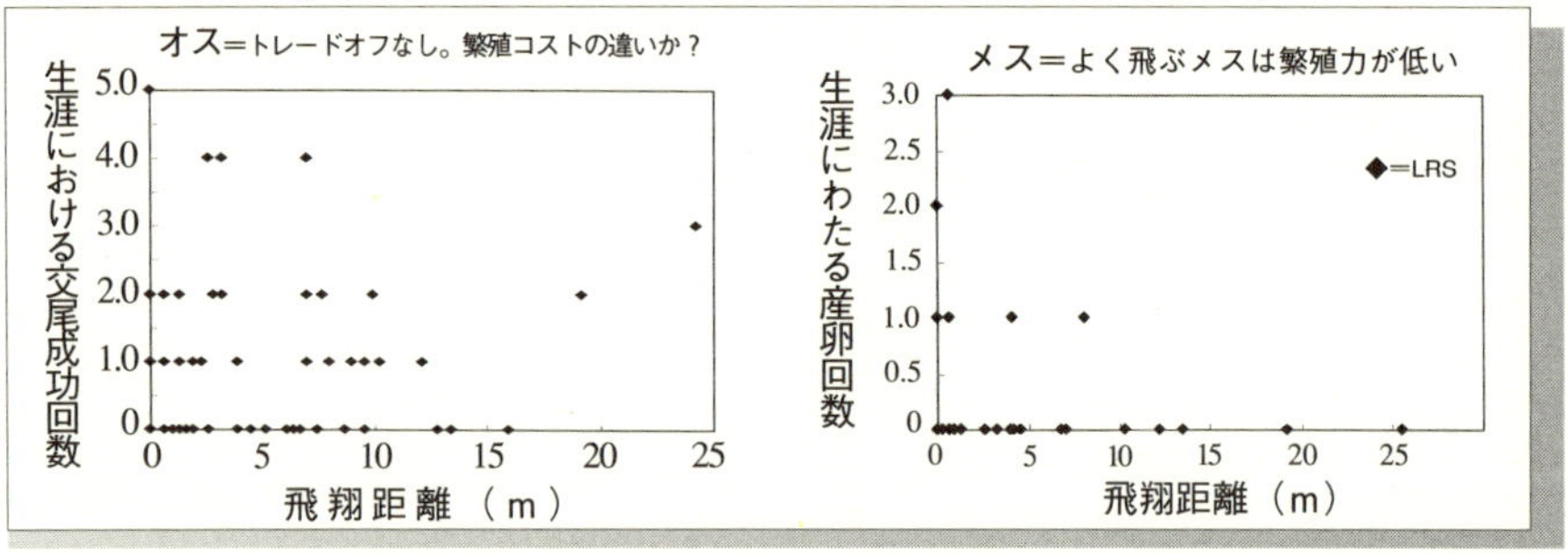

図3-7　飛翔能力と適応度の関係　メスでは生涯の産卵回数を適応度とし、オスでは交尾相手メスの生涯の産卵回数を適応度とした。飛翔能力は加齢とともに変化するので、複数回測定した平均で示している。産卵回数は、標識個体の交尾と卵巣発育度を生涯にわたり追跡し推定した。メスでは高い飛翔能力は、産卵にとってマイナスであることが分かる。一方オスは飛翔能力には適応度コストはないようだ。

らのほうが大きい。そこで、飛翔能力を生涯に複数回測定できた個体だけをデータとして用い、飛翔能力と適応度（メスでは生涯に何回産卵できたか、オスでは生涯に何回産卵させたか）を比較してみた。メスでは、飛翔能力が高い個体の適応度は低かった。捕食回避にいかにすぐれていても、産卵能力が極端に落ちるからだ。これに対して、オスでは飛翔能力と適応度のあいだに相関はなかった。やはりオスとメスとで、飛翔のコストは大きく異なるのだ（図3-7）。この性差を反映して、オスでは大部分が飛翔能力を発揮させ、メスでは飛翔能力はあまり発達しないのだ。

若いメスを警護しなくなった

ダイフウシホシカメムシは、長い時間を交尾姿勢のままで過ごす。昆虫では、最後に交尾をしたオスの精子が受精に優先的に使われる。したがってオスの立場からすると、オスは「最後」のオスになるのがよい。一方、メスの立場からするとオスがなんらかの利益をもたらしてくれない限り、どのオスでもそれほど違いはない（ただしメスがオスの遺伝的な質の違いを識別して好むという有力な考えがある）。さて、こうした状況で、オスはどのようにしたら「最後」のオスになれるのだろうか？　手当たり次第に交尾をすると、交尾回数をかせぐことができるが、交尾相手のメスは他のオスと再交尾してしまう可能性が高い。逆に交尾をしたメスとずっとペアのまま交尾姿勢を続けると、交尾相手メスは確実に自分の子を産んでくれるが、他のメスとの交尾機会を失うことになってしまう。

さてここで注目しなければいけないのは、若いメスは性成熟から産卵まで二週間くらいかかるのに対して、産卵を経験したメスは七～一〇日くらいでまた産卵するということだ。オスの立場からみれば、産卵を経験したメスは交尾後警護の時間コストが小さく、逆に若いメスには大きな時間コストがかかることになる。したがって、捕食圧が高くなればオスはまず若いメスを警護しなくなることが予測される。

野外で調べたところ、予想どおりのことがおこっていた。捕食圧が低いときには産卵経験のあるメスの七五％、産卵経験はないが卵巣が発育中のメスでも約八〇％はオスに警護されていた。あまり警護されていないのは、まだ卵巣が未発達のメスだけだった（約三四％）。しかし捕食圧が上がると、産卵経験のあるメスに対する警護率は高いまま

図3-8　捕食圧によるオスのメス警護基準の変化　捕食圧が低いとき（1991年）と高いとき（1996年）で、オスがメスの警護基準を変えるか否を比較した。メスは卵巣の発達度と産卵経験に応じ既産卵メス、性成熟しているが未産卵のメス、未成熟のメスの3段階に分けた。捕食圧が高いときには、卵巣の発育度の低いメスを警護しにくくなることが分かる。卵巣の発育度が低いと、産卵するまでに長い日数を要するので警護に必要な時間コストが高い。

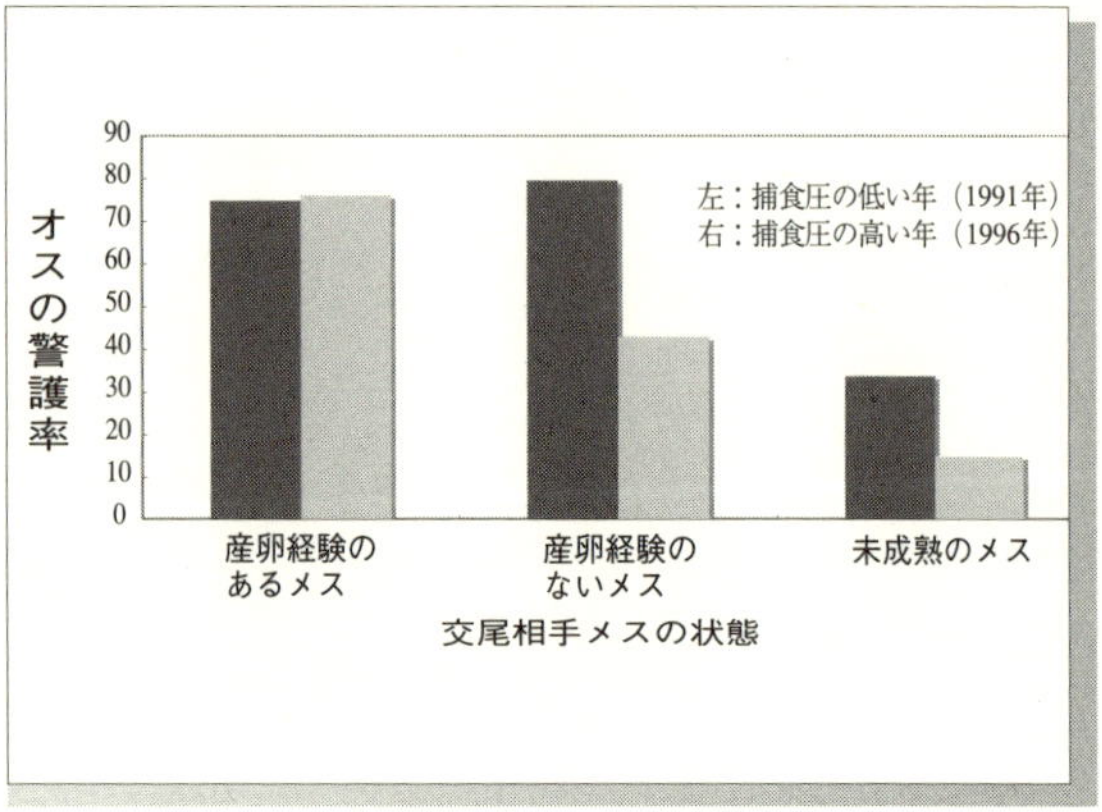

だったが、卵巣発育中のメスでは四三％に、卵巣が未発達のメスでは一五％に激減していた（図3-8）。

オスは精密機械のように、警護効率を正確に計算したかのように効率的に振る舞っていた。もちろんこのことは、カメムシが計算できることを意味していない。おそらくは捕食圧に対応して、若いメスを警護するかしないかが切り替わるのだろう。この切り替わりの閾値《いきち》がおおよそ正確ならば、あたかも効率を計算したかのような結果となりうるのだろう。

樹上での滞在

捕食者ニシダホシカメムシは木に登らない。一〜二メートル登ることは稀にあったが、決して樹上高く登ることはない。登る能力がないわけではない。脅かしてやれば、平気で木に登るのだ。登らない理由は、狩猟の効率が悪いことにつきる。低い灌木で捕食行動を何度も観察したが、一度も捕食に成功しなかった。なにしろ、灌木から飛び降りれば簡単に捕食を回避できるのだ。逃げる能力では、ダイフウシホシカメムシのほうが一枚上手だった。したがって、樹上にとどまっていれば捕食は回避できる。ただし、地上に降りなければ餌は得られない。栄養摂取と捕食回避を天秤にかけて、うまくバランスをとらねばならない。どのバランスが最適かを定量的に予測するのはむずかしいが、捕食圧が低いときには地上での採餌を増やし、逆に捕食圧が高いときには樹上で過ごす時間を増やすのがよいだろう。現実におこっていたのは、まさにこの予想どおりだった。

オスは交尾期間中あまり餌を食べない。メスに比べて栄養要求が低いためであり、ありふれた現象だ。したがって、捕食圧が高いときに地上で採餌することは、オスにはあまりメリットがない。捕食者に襲われれば死ぬ危険も高いし、交尾相手メスが死んでも大損害だ。メスにとっても捕食の危険がかなり高いと、採餌を控えても身の安全をはかるべきだろう。雌雄の利益が一致するので、捕食圧が高いと樹上で滞在することになるのだろう。

羽化場所の変化

ダイフウシホシカメムシは、低い灌木に集団をつくり羽化する。捕食性カメムシは、狩りの効率が悪いので木に登らないと述べたが、羽化個体は別だ。羽化個体は無防備なので、灌木にいても簡単に食われてしまう。捕食圧を上げると、羽化場所の危険はどんどん増す。とくに餌源となる寄主植物の近くでは危険はとりわけ大きいだろう。餌に近いというメリットと、捕食の危険というデメリットはどのように調整されるのだろうか？

結果は単純だった。捕食者が増えると、徐々に羽化場所は寄主植物から遠ざかった（図3-9）。捕食者がぐっと増えた一九九八年には羽化場所はかってないほど遠くになった。しかし若齢幼虫は依然として寄主植物の近くにとどまっていた。この違いは移動能力と採餌効率を考慮することで理解できる。若齢幼虫の移動能力はごく低い。基本的には寄主植物の近くの地表やごく背の低い植物に滞在する。したがって、いくら捕食圧が高いからといって寄主植物から遠く離れた場所で休息するわけにはいかないのだ。仮に捕食者がまったくいない場合でも、餌場への通勤にかかるコストが餌場所での獲得便益を上回る場所では休息できない。これに対して老熟幼虫では移動能力が格段に発達する。そうなってはじめて、捕食の危険のない遠く離れた休息場所を利用できるようになるのだ。

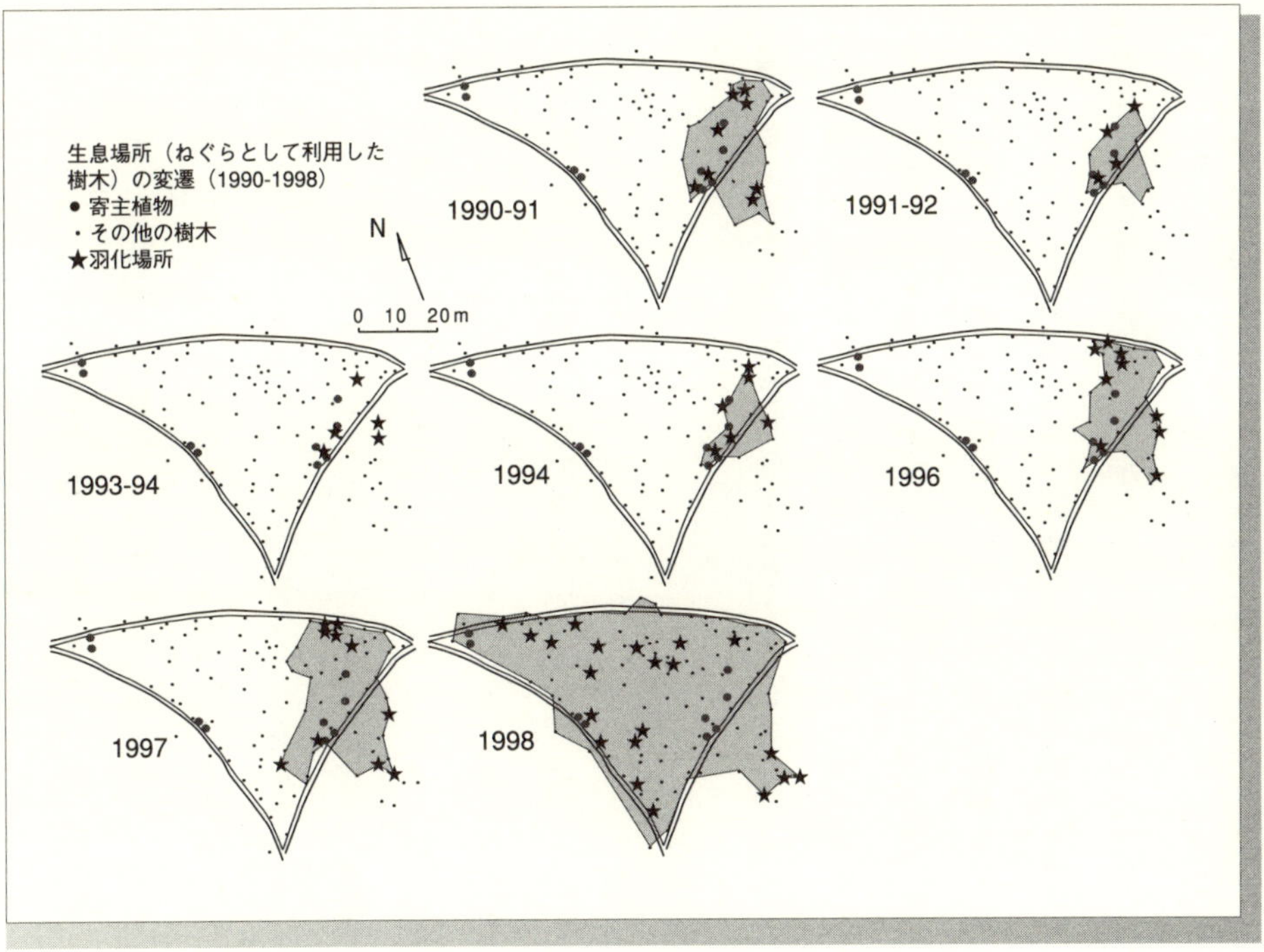

図3-9　捕食圧の変化とねぐらおよび羽化場所の変化

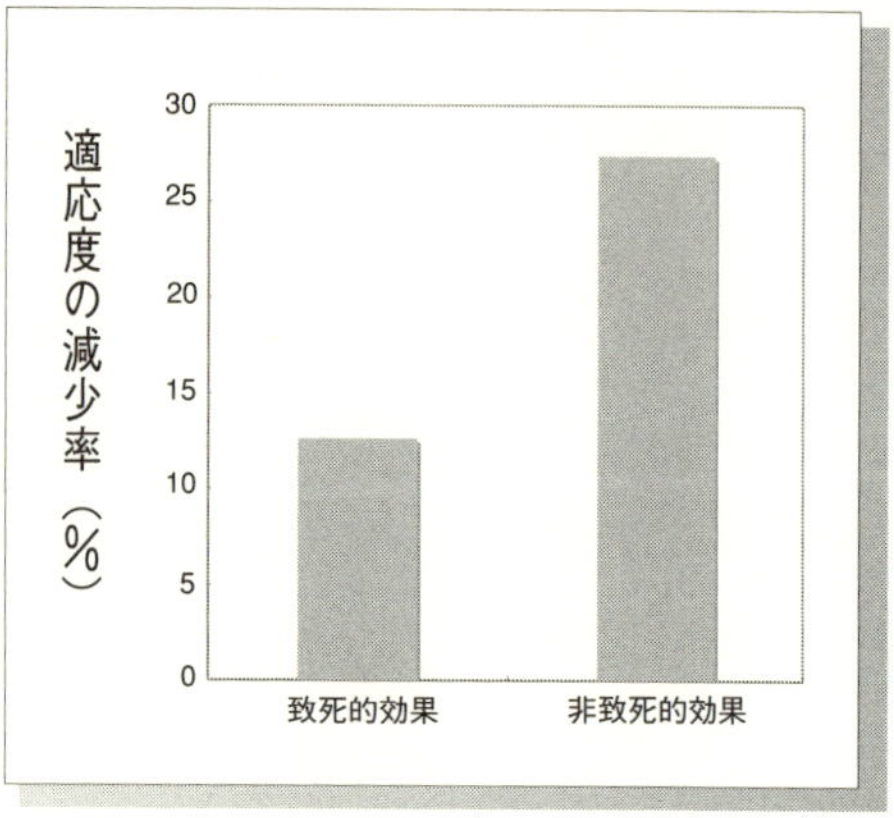

図3-10　捕食圧が高かった年に観察されたメスの適応度の減少（40％）に対する捕食の致死的効果（殺された繁殖メス数）と非致死的効果の比較　捕食圧がごく低かった1991年の適応度を基準として、捕食圧が高かった年（1997年）の適応度と比較した。適応度の減少分の約3分の2は非致死的効果であることがわかる。

残念ながらこの仮説を厳密に検証するのはむずかしい。なぜならば、エネルギー、時間、捕食による死亡リスクなどのコストと便益を同じ基準で測らねばならないからだ。基準を同じくするには、各要因が適応度（繁殖成功）にどのくらい影響するかを正確にみつもらねばならないが、これはとてもむずかしい。サラリーマンの通勤時間と子どもの数の相関をとったところで、通勤時間のコストがうまく計れるあてはないことと同じだ。そのうえ、仮説自体に意外な点がなく、労力がかかるわりには得られる知的喜びは少ない。というわけで、私は検証には魅力を感じない。

捕食者は被食者の数を制御するか？

これまでの結果から、捕食者は存在するだけで被食者に捕食回避策をとらせることを通じて大きな影響を与えることが分かった。では、捕食者は被食者の数を制御しているといえるだろうか？　図3-10には捕食者が被食者を殺す効果と非致死的な効果が、それぞれ被食者の増殖率に与える効果について示している。これから明らかなように、非致死的な効果のほうが、殺す効果よりもずっと大きい。しかし、被食

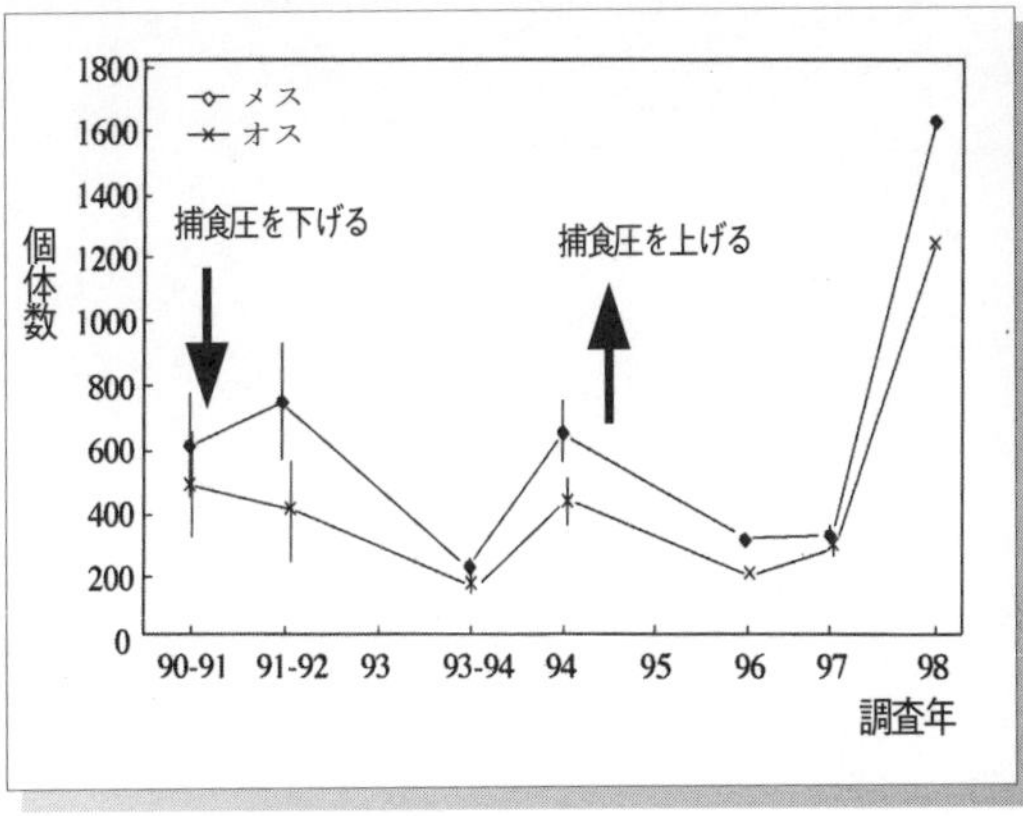

図3-11　捕食圧を人為的に上げ下げしたときの、被食者の個体数の変化　1991年の調査終了時に捕食圧を下げ、1994年の調査終了時に捕食圧を上げた。ただし、被食者の餌量（ダイフウシの果実生産量）はコントロールすることができなかった。

者の数を制御しているとは言えなかった。

図3-11は捕食圧を人為的に弱めたり、強めたりしたときの被食者の数の変化を示している。一九九一年の調査終了時にごくわずかだった捕食者の大部分を除去して捕食圧を下げた。同時に被食者の大部分も除去したが、翌年には被食者の数は除去前のレベルにすぐに回復した。しかし、一九九三年には餌であるダイフウシの実が不作だったので、ダイフウシホシカメムシの個体数も急激に減ってしまった。一九九四年には、ダイフウシの実も豊作となり、ダイフウシホシカメムシの個体数もかなり回復した。このときに被食者の数を減らすことで捕食圧を人為的に強めた。一九九六年には、ダイフウシホシカメムシの個体数はかなり減ったが、ダイフウシの実りもあまりよくなかったので、個体数の減少の理由が捕食圧が増えたせいなのか、あるいは餌不足のせいかは曖昧《あいまい》なままだった。一九九七年になり、ダイフウシは大豊作となった。しかし、このときはまだダイフウシホシカメムシの個体数は低いままであり、おそらく高い捕食圧が個体数の増加を抑えたのだろう。翌年の一九九八年になって個体数は急激に増えた。以上の結果からわかるのは、ダイフウシホシカメムシの数の増減にもっとも効い

ているのは、おそらく餌の豊富さであり、捕食圧は個体数が増えるのをある程度抑える効果しかないということだった。これまで行われていた膨大な野外研究の結果をみても、捕食者が被食者の数を制御するほど強い効果を発揮することはめったにない。その一方で、捕食者がいないと被食者が大発生するという経験的事実がある。この二つは互いに矛盾しているように思える。なぜこうなるのだろうか？

私の現時点での考えは、制御という現象を分けてみようというものだ。被食者が増えれば減らすようにはたらき、逆に減れば増やすようにはたらくというのが制御の本来の意味だ。しかし、よく考えてみれば、捕食は被食者に対してマイナスの影響しか与えないから、被食者が減ったからといって増やすことはできない。なんとか想定できる状況は、「被食者の数が少ないときには、被食者と同じ資源をめぐって競争する別の被食者をもっぱら食べるように切り替えることで間接的に被食者にプラスの効果を与える」くらいしかない。

しかしニシダホシカメムシはダイフウシホシカメムシを専門に食べるので、餌の切り替えはおきない。そうなると捕食者ができることは、被食者が増えるのを未然に防ぐ効果しかないことになる。被食者は捕食を避けるために多大なコストを支払い、そのため潜在的な増殖率を発揮できず、大発生できない。ごく稀に大発生したときには、病気の蔓延《まんえん》とか餌不足などいつもとは違う理由で大発生は終わる。

そのように被食者の増加を抑制することと、増えた被食者を減らすこととを分けて考えると、昔から延々と続く制御論争を乗り越えることができる。これまでは制御をもたらす自然のバランスというものをあまりにも過大に評価しすぎたために、制御をもたらす複雑なメカニズムがあるに違いないと思い込んでいたのではないか、というのが現在の考えだ。

4章

天敵導入による検証

―寄生蜂とカイガラムシ―

応用研究との接点

熱帯林での研究で、天敵は直接殺すことなく被食者の性質に大きな影響を与え、その結果、被食者が増えるのを抑制する効果をもつことが分かった。しかし、抑制効果はもう一つぱっとせず、そのうえ、増えたり減ったりのサイクルに数年もかかるので、長期的な研究をするのはあまりにも非効率だった。私は、自分の研究対象の生物そのものの生態を詳しく解明したいわけではない。特定の研究対象から、多くの生物に共通する普遍的原理を突きとめたかったのだ。そのためには、世代時間がもっと短くて決着が早くつく生物を対象にする必要がある。さらに、自然生態系では天敵と被食者の関係はすでに進化的安定に達していて、進化の過程そのものをみることはできなかった。

そこで興味をもったのが、導入天敵による害虫の防除だった。海外から侵入した昆虫が、大発生して農作物に甚大な被害をもたらすことは古くから知られている。こうした侵入害虫に対して原産地の天敵を導入し防除する生物防除といわれる手段がある。原産地ではそれほど深刻でない害虫が、侵入先で大発生するのは、おそらく天敵の不在が原因だろうという考えが背景にある。

二十世紀に入ってから、カリフォルニアの広大なオレンジ園で外来のカイガラムシが大発生して大問題となった。そこで天敵導入が試みられることになった。最初の成功例は、アカマルカイガラムシに対して原産地から導入したベダリアテントウの導入だった。ベダリアテントウの導入は劇的にアカマルカイガラムシを減らし、害虫の座から引きずり降ろした。その後もいくつかの成功があった。いずれも害虫の原産地から導入された天敵を使った生物防除だった。日本でも、栗の害虫のクリタマバチやミカンの害虫のヤノネカイガラムシに対して原産地から天敵が導入され成功をおさめた。そのうえ、天敵と害虫はともに低い密度で安定的に共存することも多かった。ひとたび防除に成功すれば、後はそのままでよい。このように生物防除はコストが小さくかつ環境に優しいすぐれた防除法だ。

ところが不思議なことに、なぜ防除が成功するのかは不明だった。天敵を導入して害虫が減ったのだから、天敵が原因であるのは自明だ

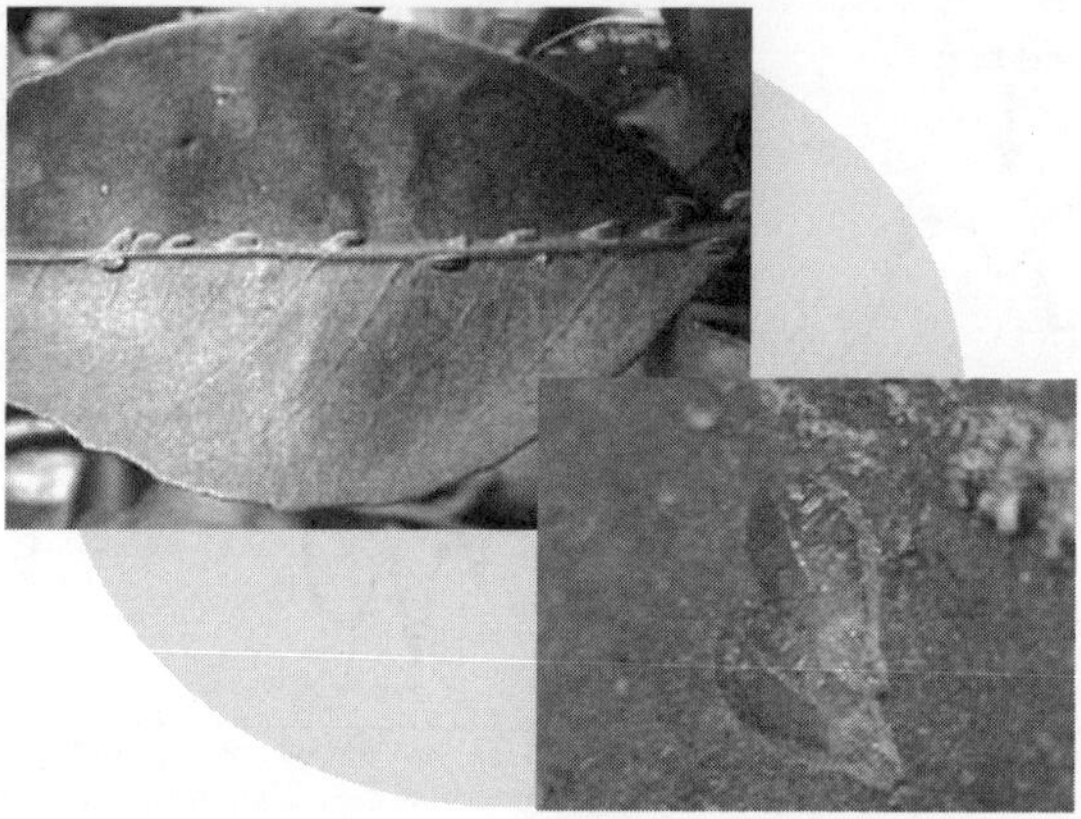

ヤノネカイガラムシのメス成虫（左）とメス２齢幼虫（右）（写真提供：南方高志）

った。天敵は猛烈に害虫を食べて減らすことは確かだ。食べ尽くして害虫を絶滅させるのならば話は簡単だ。ところが、天敵と害虫は自然生態系における多くの場合のように、互いに低い個体数で安定的に共存した。天敵は、害虫の数が多いときにとりわけたくさん食べることはないし、害虫が少ないからといって食べ控えることもない。それならばなぜ、天敵は害虫の個体数を安定に維持できるのだろうか？　本書の問題提起は、生物防除という実践にも深くかかわっているのだ。

　実践的という生物防除の性質は、「うまくいけば理由は問わない」という結果オーライ主義にもつながる。実践家は、いろいろな天敵を導入し、うまくいけばそれでよしと考える人が多いし、「生態学などの理屈は役に立たない」という人も多い。しかし、理屈が分かればどんな性質をもった天敵が有望かが予測できるかもしれない。

　幸い、一九九四年当時研究室に所属していた松本崇君が、ミカンの大害虫であるヤノネカイガラムシの防除になぜ寄生蜂が有効なのかを解明しようとしていた。そのころ、京都大学におられた石田紀郎さんを中心として農薬ゼミという自主ゼミがあった。農薬ゼミでは和歌山にあるミカン園で、農薬をできるだけ省いてミカン栽培が経営的に成

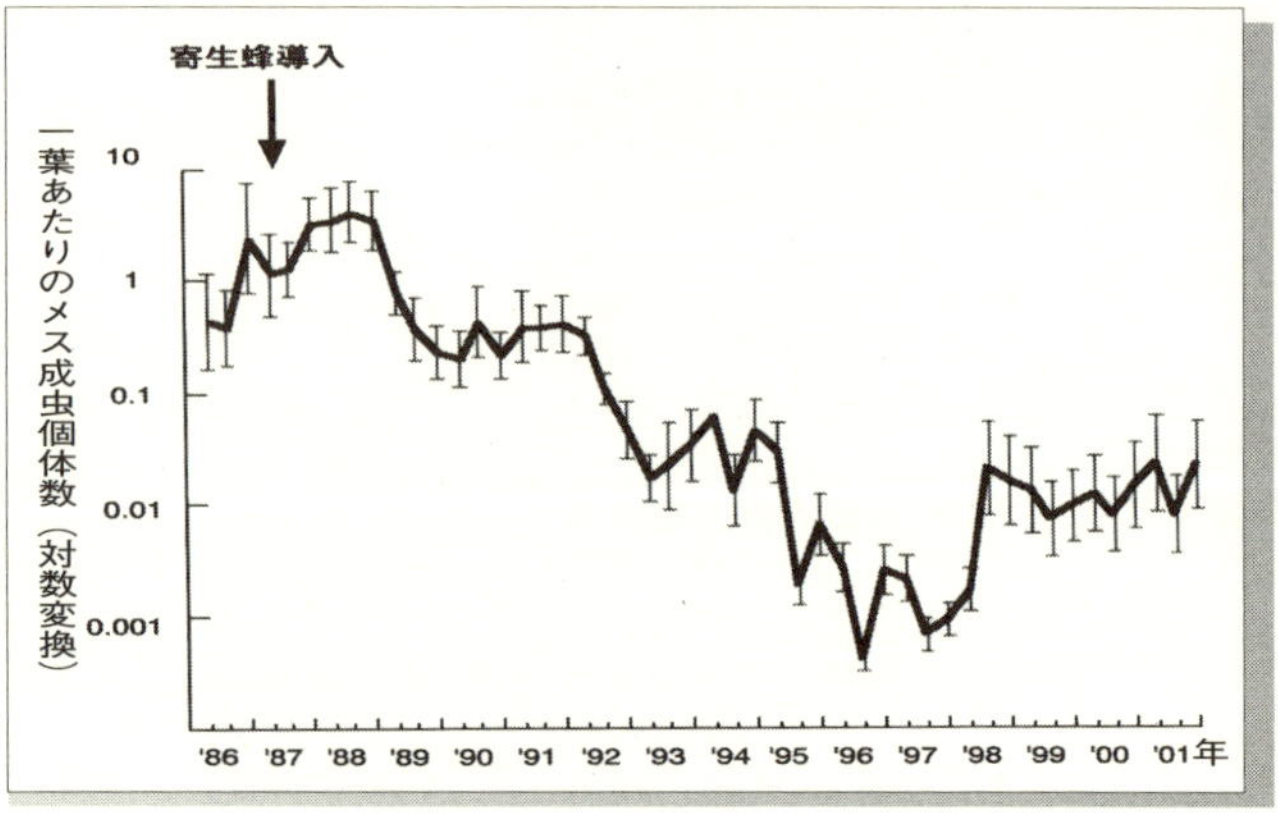

図4-1　寄生蜂の導入にともなうヤノネカイガラムシのメス成虫個体数の変化　個体数は対数で表示されている。寄生蜂の導入でヤノネカイガラムシの個体数が激減したことがわかる（松本2003による）。

り立つかを実践的に研究していた。その背景には、ミカン園主の息子さんが農薬散布中に中毒事故死するという不幸があり、どうすればそうした事態を防ぐことができるかという実践的課題があった。省農薬ミカン栽培は当初ヤノネカイガラムシの被害に悩まされていた。放っておくとミカンの木が枯死するほどの被害だった。そこで、寄生蜂が導入されて松本君が研究をはじめたころにはヤノネカイガラムシの防除はほぼ成功していた。なにしろミカンの木が枯死するほどの被害を引きおこしたヤノネカイガラムシは激減し、見つけるのがむずかしいほどになったのだった（図4-1）。

しかし、なぜ防除がうまくいったのかは依然として不明だった。しかも、ヤノネカイガラムシと寄生蜂はごく低い密度で共存していた。これは常識破りだった。それまでは、有能な寄生蜂は寄主を絶滅させてしまうので、両者が低い密度で安定的に共存することはないと考えられていたくらいだった。寄主—寄生蜂が安定に共存するためには、寄主が増えると寄生蜂は寄生率を上げて寄主の増加を抑え、反対に寄主が少ないときには寄生率が下がることが必要だった。しかし、そうしたことは生じていなかった。

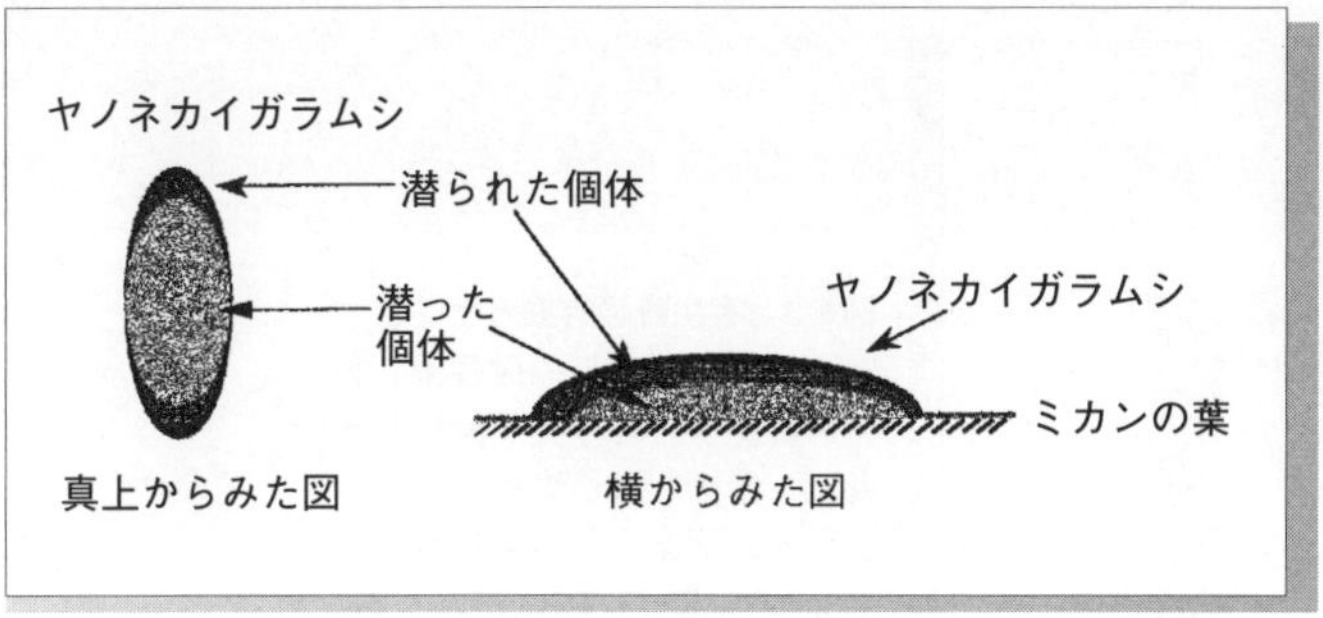

図4-2　潜った個体（潜伏個体）と潜られた個体（上位個体）の模式図　上位の個体に完全におおわれるように潜るので、外見からは潜っていることはわからない（松本2003による）。

松本君の前任者だった市岡孝朗氏（現京都大学）は、ナチュラリスト的直感で、ヤノネカイガラムシの中に他個体の下に潜る個体が少数いるらしいことを見つけた。それまでヤノネカイガラムシを研究した人はたくさんいたが、気づいた人はだれもいなかった。気づいたとしても、そんな些細な行動が安定的な共存に関係するとはだれも考えなかった。なぜ潜り行動が大切かというと、潜ることにより寄生を逃れられるかもしれないからだ。潜る個体はほんの一部かもしれないが、寄生蜂がどんなに増えても一部は寄生を逃れ、絶滅することはない。潜り個体は他の個体の下に潜らねばならないので、潜り率はどんなに高くても五〇％にしかならない。そのうえに、潜り行動には大きなコストがかかる可能性が高い。寄生蜂導入によって、ヤノネカイガラムシの寄生率は激増しどんどん死んでゆく。しかし、少数の潜り個体は生き延びる。この状態で、両者が低密度で共存することが説明できるかもしれない。そういうもくろみで研究ははじまった。松本君は、長期間にわたり和歌山のミカン園に滞在し、調査を重ねた。

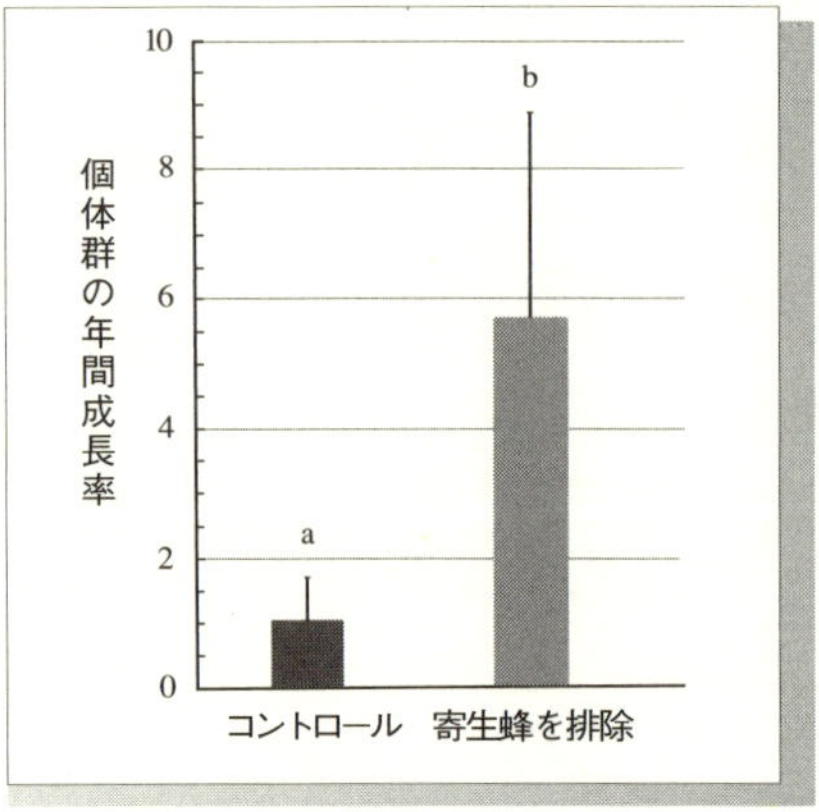

図4-3　寄生蜂の存在とヤノネカイガラムシ個体群の成長率　野外の網室で、寄生蜂を排除した条件と排除しない条件（コントロール）でヤノネカイガラムシの年間増殖率を比較したもの。寄生蜂がいないとヤノネカイガラムシは急速に増えることがわかる（松本2003による）。

天敵導入の効果とその理由 —ヤノネカイガラムシを例に—

現象の再確認

寄生蜂を導入した結果、ヤノネカイガラムシは激減したのだから、寄生蜂が防除成功の功労者であるのは当然だろう。しかし、これだけでは科学としての検証は完全でない。寄生蜂を導入しなかったら、ヤノネカイガラムシが蔓延したままだったことを示す対照実験がされていないからだ。これは経営を目的とするミカン園では無理だった。そこでまず、ミカンに網かけをして寄生蜂を入れる処理（コントロール）と入れない処理をし、ヤノネカイガラムシの減り方がどれだけ違うかを調べることにした。

寄生蜂を除去するとヤノネカイガラムシはどんどん増えて、年間の増殖率は蜂がいる場合の五倍以上にもなった。寄生蜂がヤノネカイガラムシの増殖を抑えていることは歴然としていた（図4-3）。

寄生蜂の分布と潜り個体の関係

ヤノネカイガラムシの潜り率を、寄生蜂がいる地域といない地域で

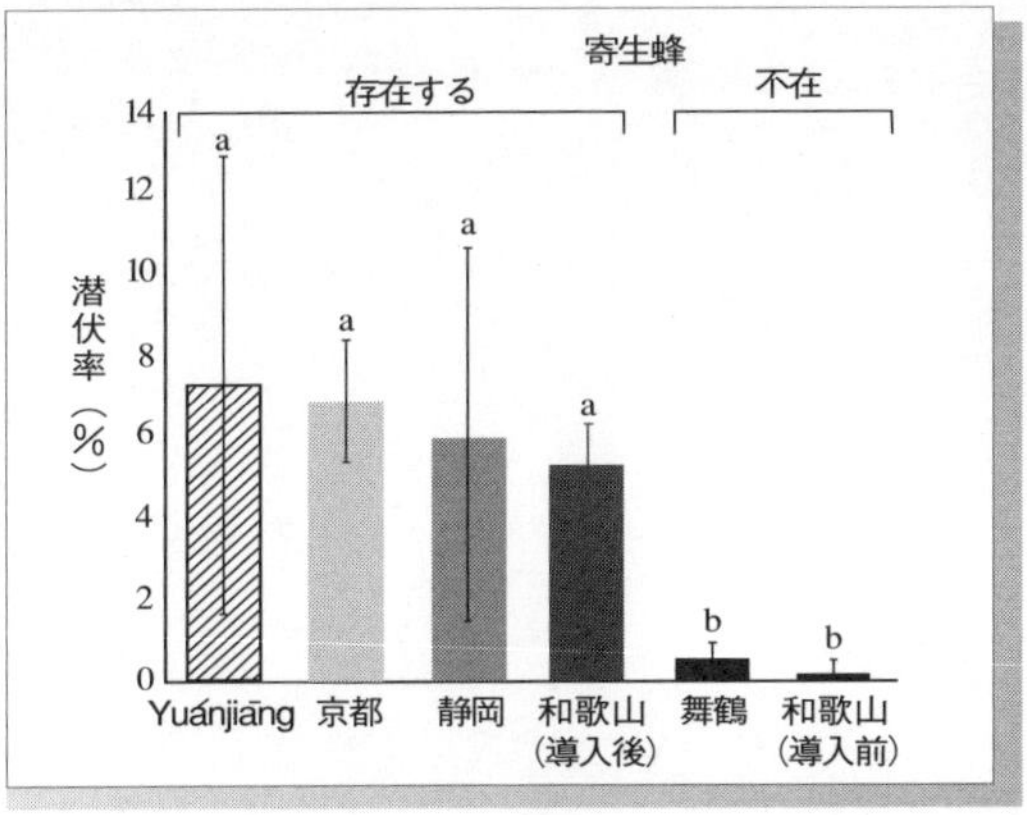

図4-4　潜り率の地域間比較　潜り個体の割合（潜伏率）を寄生蜂が分布する地域としない地域で比較したもの。ユワンチュアン（Yuánjiāng）は中国にありヤノネカイガラムシの原産地。京都、静岡、和歌山へは防除のために寄生蜂が導入された。舞鶴では調査当時には寄生蜂が導入されていなかった（松本2003による）。

比較した。寄生蜂が分布する地域として、ヤノネカイガラムシ原産地の中国湖南省ユワンチュアン（Yuánjiāng）、京都、静岡、和歌山を調べた。寄生蜂がいない地域として、寄生蜂導入前の和歌山と舞鶴の二カ所を調べた。調査した当時、すでに寄生蜂は全国のミカン園に広がっていたが、殺虫剤を多用する慣行防除園には寄生蜂は定着できなかった。農薬を使わずにミカンを栽培している奇特な農家を探さねば、寄生蜂がいない場所の調査はできなかった。

幸い、舞鶴市の西野靖氏の協力を得ることができた。寄生蜂がいない地域として、寄生蜂導入前の和歌山も比較の対象とした。

ヤノネカイガラムシの潜り率は、寄生蜂がいる地域では五〜七%くらいと高く、一方、寄生蜂がいない地域では一%をずっと下回り、両地域のあいだには明瞭な違いがあった。念のため、和歌山と舞鶴のヤノネカイガラムシを京都に持ち帰り、寄生蜂のいない同一の条件下で潜り率を比較した。その結果、同じ条件のもとでも、和歌山県のヤノネカイガラムシはよく潜ることが分かった。

この結果は、同じ環境条件においても、和歌山と舞鶴のヤノネカイガラムシは異なった潜り率を示すことを意味する。つまり、潜り率の少なくとも一部は遺伝的に決まっていることが分かる。
以上のことから、潜り率は寄生蜂が分布しているかいないかで決まること、おそらく遺伝的に決まっていること、寄生蜂がいるかいないかを直接感知して行動を決めるわけではないことが分かった。

潜れば寄生を回避できるか?

和歌山と京都で、潜っている個体、潜りこまれた個体、および単独個体とで寄生率を比較した(図4-5)。潜っている個体の寄生率は十数パーセント、単独個体は四〇%弱、潜られた個体の寄生率は七〇~九〇%に達した。潜ると寄生を逃れられるのは明白だった。意外だったのは、潜られた個体の寄生率がとりわけ高かったことだ。潜られた個体は、ちょっと厚ぼったい感じになる。そのため寄生蜂に目を付けられやすいのかもしれない。しかしひょっとしたら、潜り個体は寄生された個体の下を好んで潜るのかもしれない。

いったいどうやって潜るのかは直接観察してみるしかない。シャーレに、ヤノネカイガラムシが一匹ついたミカンの葉を入れて、そこにふ化直後のヤノネカイガラムシ幼虫を導入し、どのように潜るのかを

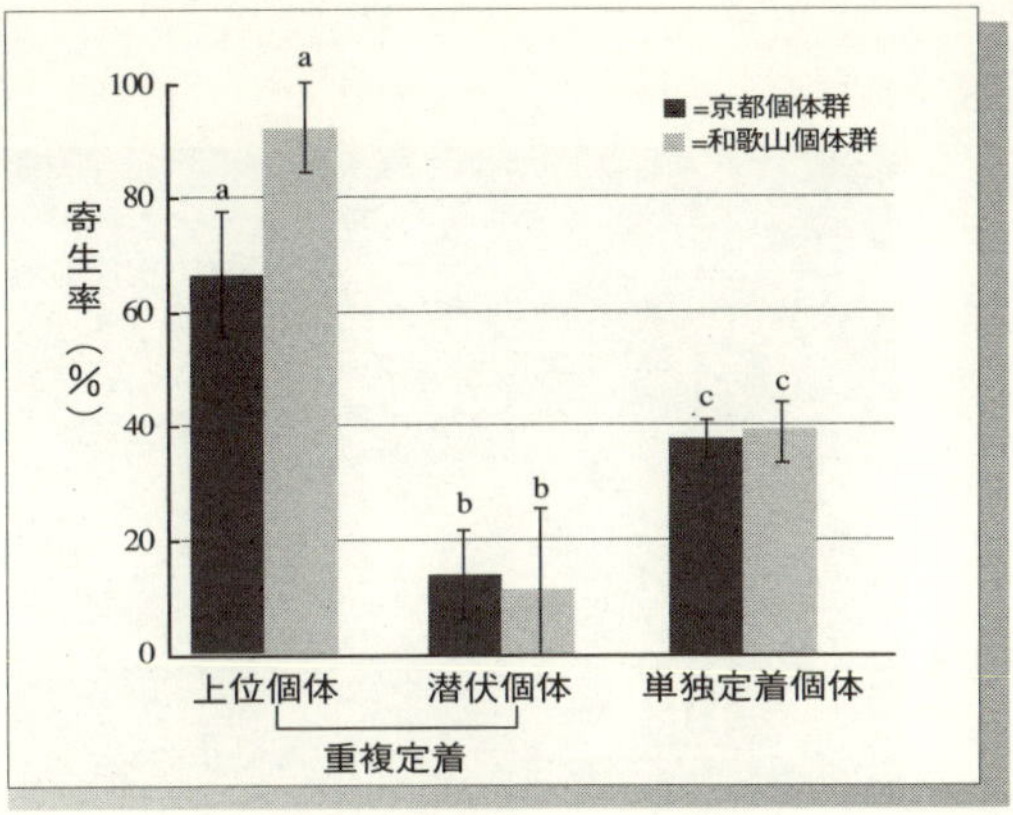

図4-5　ヤノネカイガラムシの寄生率と潜り率　潜った個体、潜られた個体、単独で定着している個体で比較した。比較は、和歌山と京都の2か所で行った。いずれの地域でも、潜られた個体の寄生率がいちばん高く、ついで単独で定着している個体、そして潜った個体の寄生率はいちばん低かった。ただしこの結果からは、すでに寄生された個体を好んで潜るのか、あるいは潜った結果、その上位の個体が寄生されやすくなるのかはわからない（松本2003による）。

観察した。定着しているカイガラムシとして、寄生されたものと寄生されていないものをそれぞれ与え、寄生の有無によって潜り行動が変わるかどうかも調べた。

ふ化幼虫はあちこち動き回り、定着済みの個体の下に潜りこんでいた。寄生蜂が分布する和歌山のふ化幼虫は一三～一五％程度の潜り率を示し、一方、寄生蜂の分布しない舞鶴のふ化幼虫は二～五％の潜り率だった。しかし潜り個体は、潜る対象が寄生されているかいないかにかかわりなく潜っていた。

潜り個体はいかにして寄生を免れるのか？

これまでの結果から、潜り個体が寄生を免れるのは、寄生蜂（ヤノネツヤコバチ）が潜り個体に気づかないためか、あるいは寄生に手間取るので潜り個体を避けるかいずれかの理由であることが推測された。寄生蜂の寄生行動を観察して、どちらの理由が妥当かを調べてみた。

シャーレに、ヤノネカイガラムシ一匹がついたミカンの葉片（三センチ四方）を入れ、そこに寄生蜂を導入して寄主探索と産卵行動を観察した。先行研究によれば、寄生蜂はカイガラムシに遭遇すると、寄

ヤノネカイガラムシに寄生する蜂（ヤノネツヤコバチか？）（写真提供：南方高志）

主上を触角で連打しながら歩き回り、触角が寄主からはずれると体の向きを回転させ、ふたたび連打する。この行動を何度もくりかえしたのちに、産卵管の先で寄主を軽くたたき、産卵官を挿入する場所を決める。カイガラに穴をあけて産卵管を挿入し卵を産みつける。これらの過程は、寄主を発見するまでの過程（連打率で評価）、寄主が好適かどうかを調べる過程（連打継続時間で評価）、および産卵されやすさ（連打された個体のうち産卵された個体の割合で評価）の三つに大別できる。これらの指標を、単独個体、潜り個体、潜られた個体で比較した。

寄主発見の効率を示す連打率は、単独個体、潜り個体、潜られた個体で差がなかった。さらに潜られた個体が生きていても、寄生されて死んでいても連打率には差がなかった（図4-6）。しかし、連打の継続時間はカイガラムシが生きているか死んでいるかで大きく異なり、死んでいるとただちに連打をやめた。そして潜られたカイガラムシが死んでいると、寄生蜂はまったく産卵しなかった。潜られたカイガラムシが生きている場合には、産卵したが、いずれの場合も潜られた個体にだけ産卵し、潜った個体は無事だった。

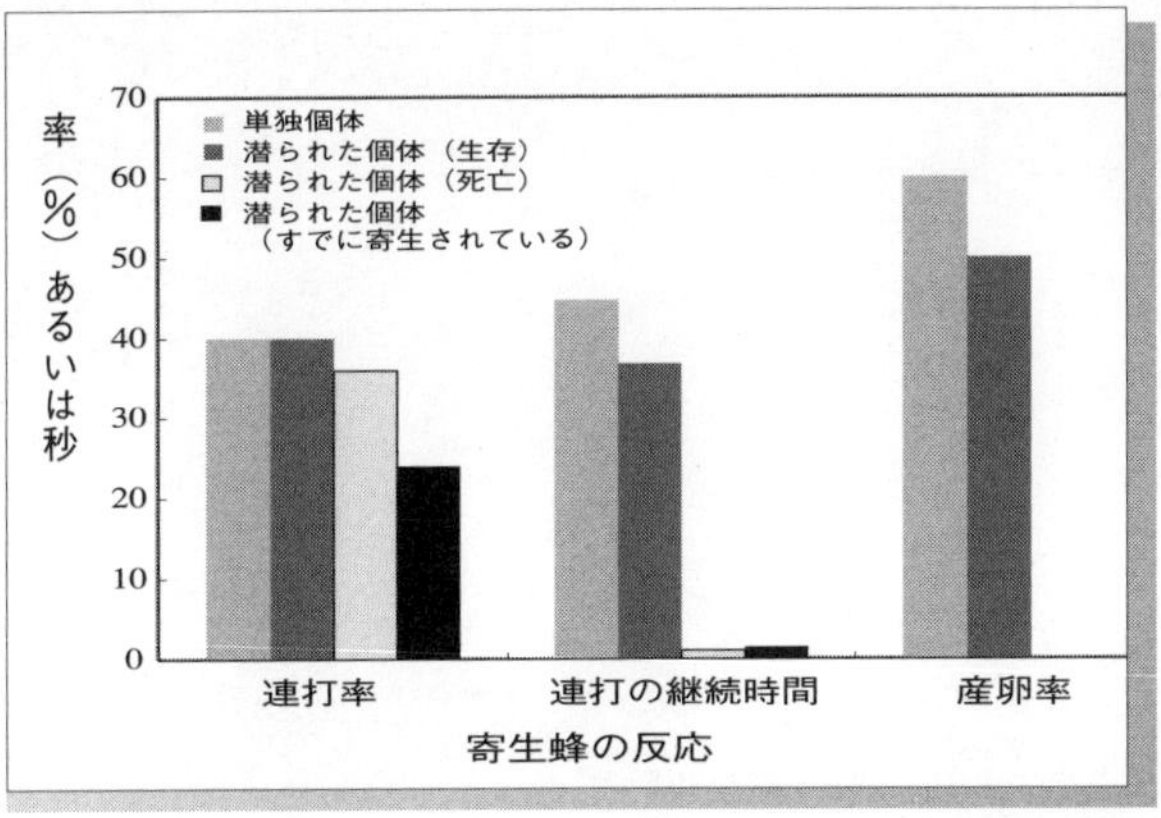

図4-6　連打率と寄生行動の比較　潜ったカイガラムシが寄生されない理由を、寄生蜂の反応によって調べた。潜られたカイガラムシがすでに寄生されているか死んでいる場合には、寄生蜂は連打をすぐにやめてしまう。つまり、潜ったカイガラムシには気づかないのでうまく寄生できないことが分かる（松本2003による）。

以上の結果から、寄生蜂は潜られた個体が死んでいるとその下にいる潜り個体を発見できず、潜られた個体が生きているときにはその個体にだけ産卵することがわかった。いずれにせよ、潜った個体は寄生を逃れるわけだ。かつて戦場で、戦死した兵士の下に潜って助かった場合があったという。カイガラムシが他個体の下に潜るという行動も、これと同じ意義があるわけだ。ほんの数ミリしかなく、かつろくに中枢神経が発達していないカイガラムシでも、このような巧妙なやり方で寄生を逃れるのだ。

寄生回避のコスト

しかし潜り行動にはそれなりのコストがともなうはずだ。それは、寄生蜂を導入するまでは潜り行動がほとんどなかったことから推察される。もし潜り行動にコストがかからないならば、寄生蜂がいようがいまいが潜り行動を続けるはずなのだ。

さてそれでは、潜り行動のコストとはいったいなんだろうか？　想定されるコストには、（1）潜り行動そのものに時間やエネルギーコストがかかる、（2）潜ると生存率や成長率が下がる、の二つだった。潜り行動を観察した結果、潜るのにかかる時間はほんのわずかで、コストはあったとしてもごくわずかと考えられた。それに対して、潜り個体は潜られた個体よりも小さいようだった。おそらく潜ることで成長が阻害されているらしい。そこで、まず最初に潜り個体と潜られ個体の体サイズを野外で比較してみた。単独で定着した個体と潜られた個体の体サイズは同じだったのに対して、潜った個体は明らかに小さかった（図4-7）。やはり、潜ることは体の成長にはマイナスらしい。

潜ることのコストを実験的に検証しようとしたが、実はとてもむずかしかった。まず潜っているかどうかを確認するには、カイガラムシを葉からはがす必要がある。というのは、潜られ個体をはがしてみないと、その下に潜った個体がいるのかいないのかが分からないのだ。しかし、潜られ個体をはがすとすぐに死んでしまうので、潜る個体への悪影響は弱くなってしまう可能性があるのだ。カイガラムシは葉の内部にごく細い口吻《こうふん》を長く伸ばして、葉から吸汁している。そのためカイガラムシを葉から少しでもはがすと口吻がちぎれてしまうのだっ

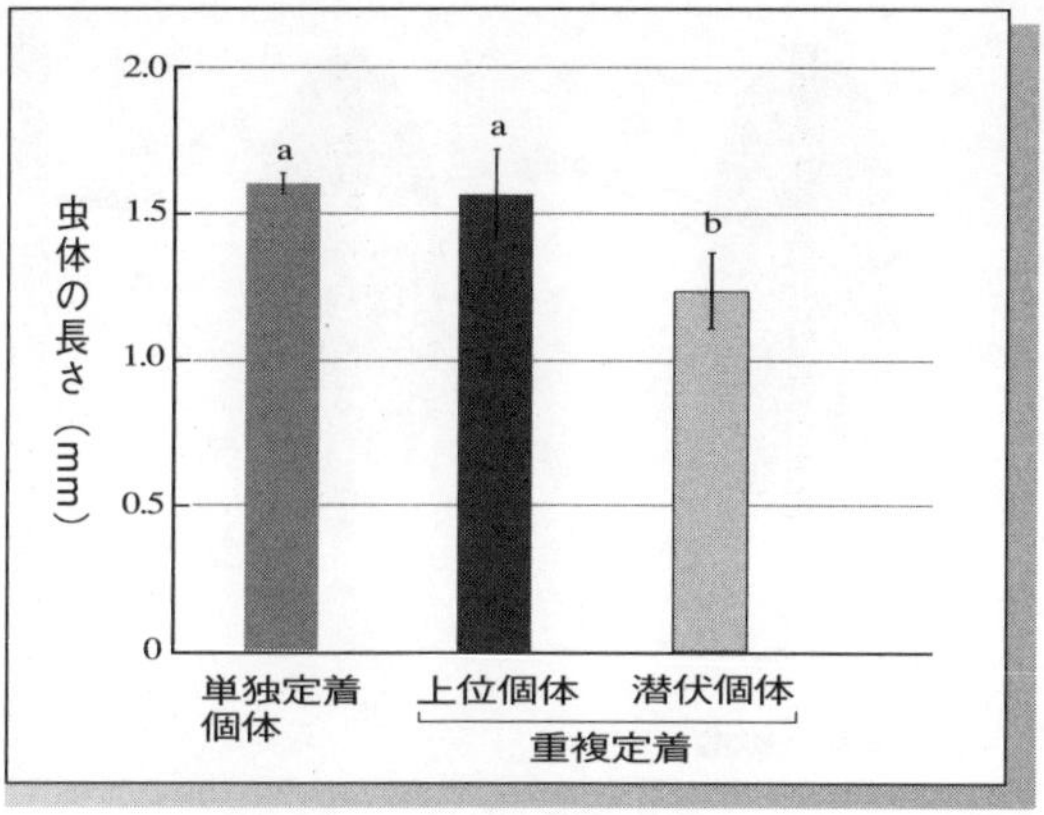

図4-7　潜り行動と体サイズの関連
ヤノネカイガラムシの体サイズ（カイガラの長さ）を、野外サンプリングによって、単独で定着した個体、潜られた個体（上位個体）、潜った個体（潜伏個体）で比較した。潜った個体は、小さいことが分かる（松本 2003による）。

た。

そこで別の方法で、潜るコストを検出することにした。カイガラムシは、その定着場所を中心として直径一センチメートルほどの吸汁痕をつくる。吸汁痕の内部には、カイガラムシの細長い口吻が伸びている。したがって吸汁痕が重なっている場合には、栄養摂取をめぐってなんらかのコストがある可能性がある。もちろん、潜り個体は潜られた個体に完全におおわれているので、圧迫などさらなるコストがかかっている可能性が高い。しかし、吸汁痕が重なっている個体間にコストが生じているならば、潜り個体のコストはさらに高いと推定できるというわけだ。ここでは、カイガラムシの体の外縁が四分の一以上他のカイガラムシと互いに接している場合に、このカイガラムシを潜り個体のダミーとみなして実験を行った。これに対して、同一の葉の中で二〇ミリメートル以上離れて定着しているカイガラムシを単独定着個体とみなし、コントロール（対照区）とした。

まず最初に実験設定が妥当かどうかをチェックした。カイガラムシはミカンの葉のさまざまな部位についている。定着部位の違いが成長に影響するならば、定着部位の異なるカイガラムシを単純に比較する

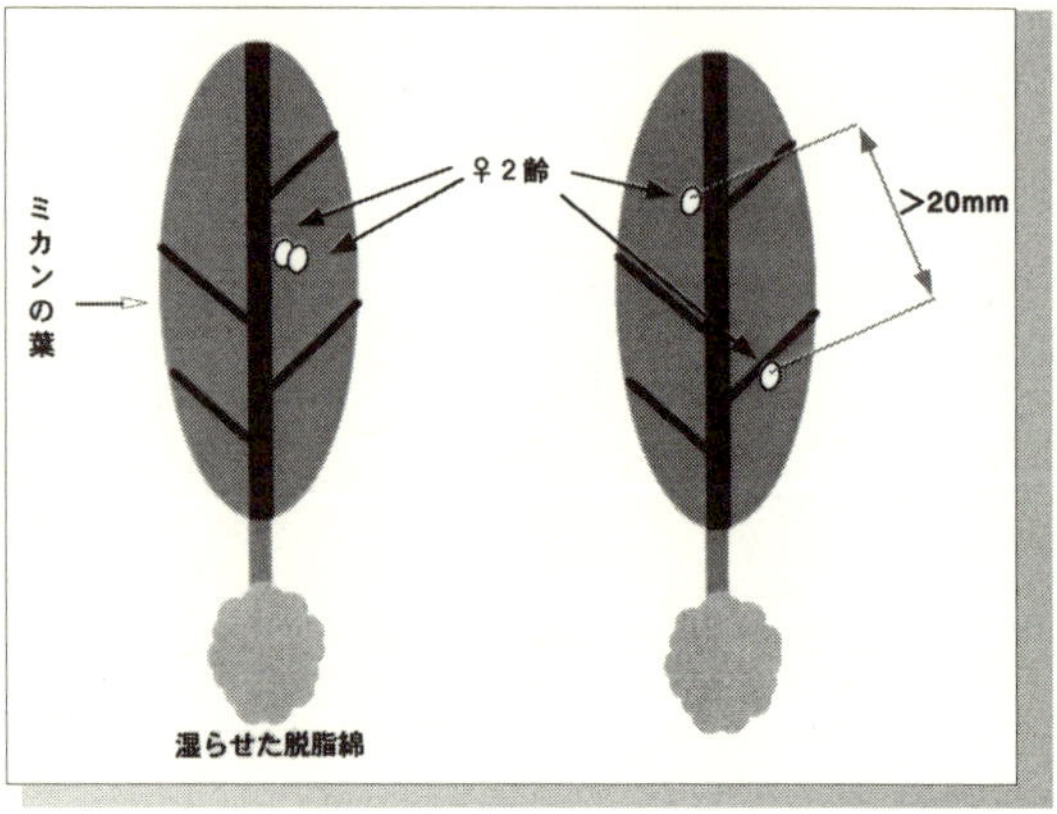

図4-8　潜り行動が、生存や成長に与えるマイナスの影響を調べるための実験デザイン　カイガラムシは葉から引きはがすと死んでしまうが、引きはがさないと潜っているかどうか確認できない。そのため、互いに部分的に貝殻が重なっている個体を潜り個体とみなした。部分的に重なっているだけで生存や成長にマイナスの効果があれば、潜り個体の受けるマイナスの効果はそれよりも大きいことが予想される（松本2003による）。

ことはできない。しかし、どの部位についていても、カイガラムシの体サイズに違いはなかった。もう一つチェックしたのは、カイガラの大きさがカイガラムシの体サイズの指標になるかどうかだ。体の大きさは小さいのに、カイガラだけがばかでかいようなことがあると、まずいというわけだ。この点についても、なんら問題はないことが確認できた。

　さて、実験の結果だが、部分的にカイガラが接する個体は、単独個体よりも生存率が低く、カイガラの大きさが小さいことが分かった（図4-9）。さらに互いに接している個体のいずれかが死んだ場合と、どちらもが生き延びた場合で、カイガラの大きさを比較した。その結果、どちらの個体も生き延びた場合に限って、カイガラが小さくなることが分かった（図4-10）。以上の結果は、カイガラが部分的に接触するだけで成長が阻害されること、そして成長の阻害は接している個体との競争によってもたらされ、単なる物理的な接触によってもたらされるのではないことを示している。

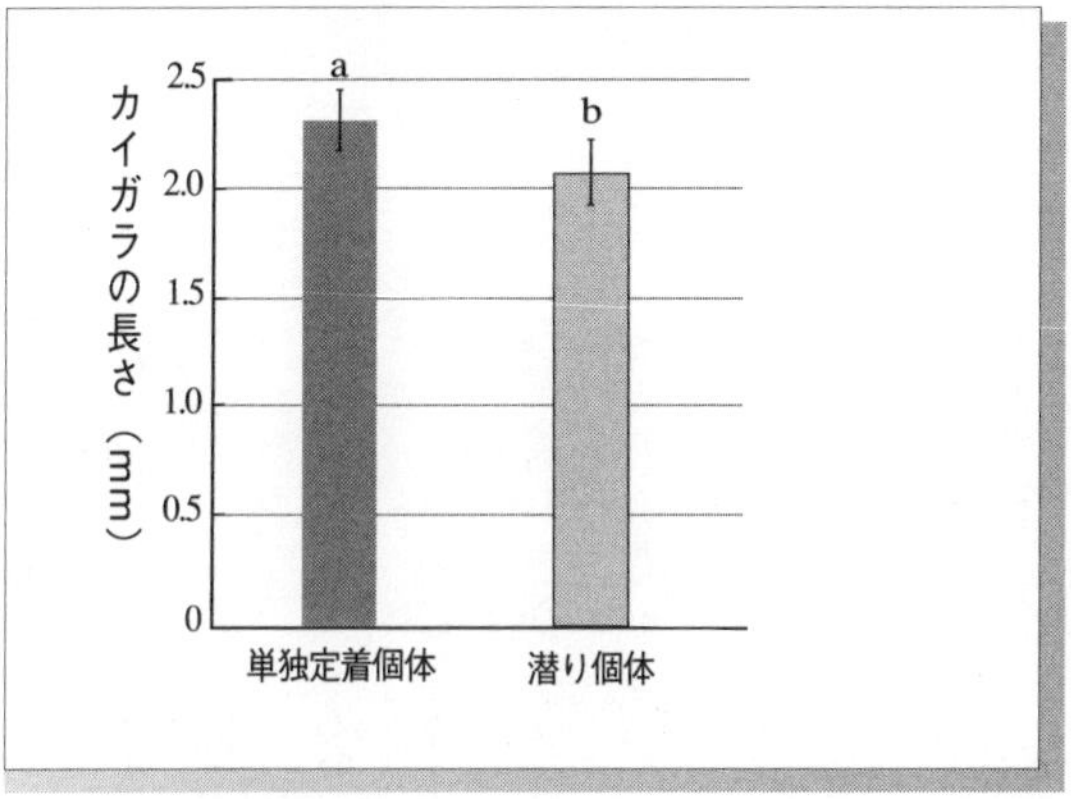

図4-9　単独個体と潜り個体との体サイズの比較（室内実験）　実験的に潜らせた個体と単独で定着させた個体で、体サイズ（カイガラの長さ）を比較した。予想どおり、潜った個体の体サイズは小さくなった（松本2003による）。

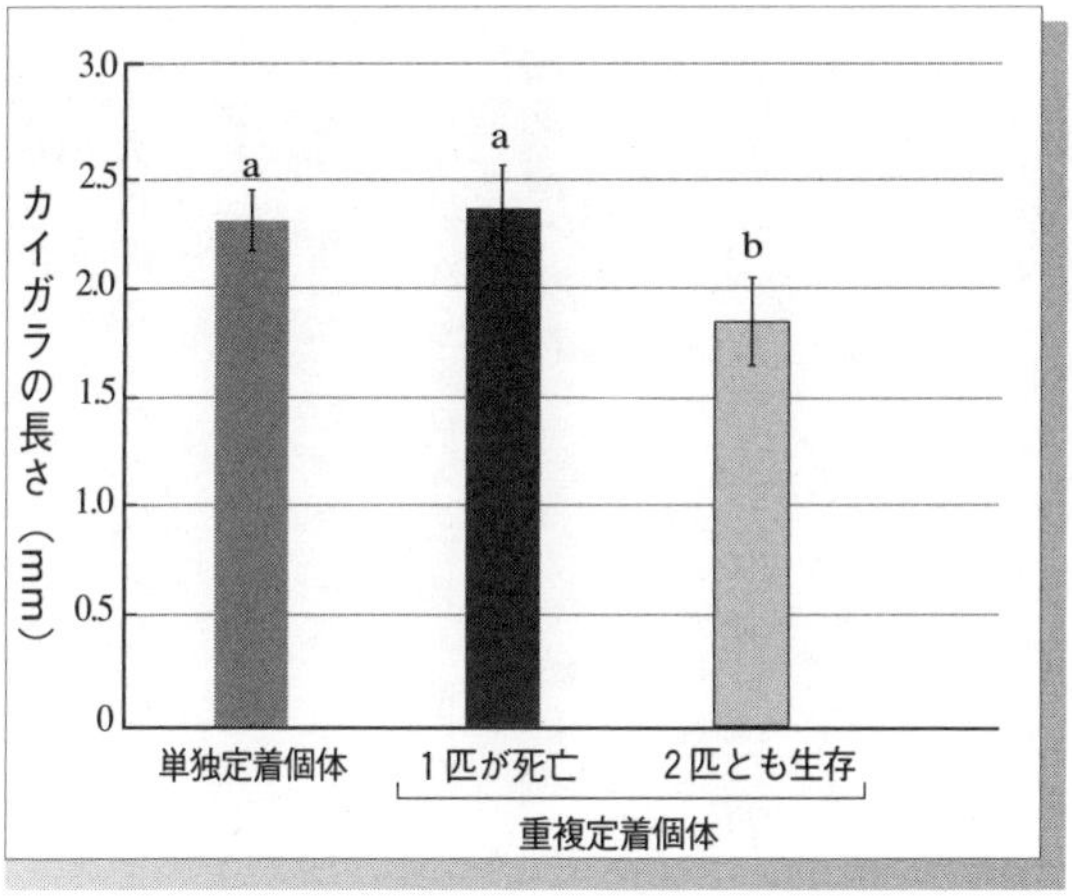

図4-10　潜られた個体の状態による潜り個体の体サイズの比較　潜った個体が潜られた個体から受けるマイナスの影響を、潜られた個体が生きている場合と、死んでいる場合とで比較した。体サイズに対するマイナスの影響は、潜られた個体（上位の個体）が生きている場合にのみ認められた。したがって、悪影響は上位個体からの単なる物理的圧迫ではないことが分かる（松本2003による）。

寄生回避の進化

カイガラムシの潜り行動についての研究を総合すると、潜り行動の進化について以下のような進化的シナリオが考えられる。

ヤノネカイガラムシは十九世紀の末に中国南部から長崎に侵入した。このときには、潜り行動をしていたと考えられる。なぜならば、寄生蜂のいる原産地では今でも潜り行動があるからだ（図4-4）。日本に侵入したカイガラムシは、寄生蜂から解放され我が世の春を迎えた。餌となるミカンはたくさんあるうえに、天敵がいないのだ。その結果、あっという間に分布が広がり、大害虫となった。この過程で、潜り行動は急速に失われたに違いない。というのは、潜り行動にはコストがかかる（図4-9、図4-10）ので、寄生蜂がいない限り、自然選択によって排除されてしまうからだ。天敵導入前には潜り行動がほとんどみられなかったことは、その証拠となる。

しかし、寄生蜂が導入されると、寄生率は一気に高まり、今度は潜り行動が自然選択により急速に広まった。しかし、潜り行動が実現するためには、潜り能力をもっているだけでは充分でなく、潜り行動をするときに身近にすでに定着している同種のカイガラムシが必要だ。そのため、実現される潜り率は低いままで上限に達し、寄生蜂とカイガラムシは少ない個体数でともに安定的に共存するようになったというわけだ。

この説明は現象をうまく説明し、合理的だがそれでもいくつか未解決の問題がある。

その一つは、寄生から解放されて一〇〇年近くたった時点で、なぜ潜り行動が残っていたかだ。寄生蜂がいなければ潜り行動は不利なので、急速に淘汰されるはずなのだ。潜り行動は寄生蜂を認知して行うわけではないので、「寄生蜂がいない状態では潜り行動をしていなかったのだ。」という言い逃れは通用しない。もう一つの言い逃れは、潜り行動は、遺伝的に劣性なので遺伝子頻度が低くなると発現しにくくなり、その結果、自然選択にかからないというものだ。しかしこの説明もありそうもない。というのは、遺伝的に劣性な形質がごく低い頻度で残ることはよくあるのだが、もしそうであるならば潜り行動が発現する確率はとても低くなってしまい、寄生蜂を導入したからといってただちに潜り行動の割合が増えるというわけにはいかないからだ。

たとえば、潜り行動を決める遺伝子がカイガラムシの集団中に〇・一％の割合で残ったとしよう。このとき、潜り行動が発現するのは〇・一％の二乗になるので〇・〇〇〇一％になってしまう。こんなに低頻度では、寄生蜂を導入したからといって潜り行動がそう急速に増えるのを説明できない。そもそも寄生蜂がいない地域でも、潜り率は一％近くはあるのだ。

私の仮説は、寄生蜂がいないときに、カイガラムシが極端に過密だったことが潜り行動の存続に有利に働いたというものだ。カイガラムシは過密になると、定着場所が不足するために互いに重なりあってしまう。これは、潜り形質を持っていようがいまいが関係ない。このような状況では、潜り行動の有無と、実際に他の個体の下に被圧されるかは無関係となる。そのために潜り行動の不利さが隠されてしまったのではないだろうか？　このアイデアはまだ検証していないが、いざというときには有利でも普段は不利な性質がどのように生物集団に保持されるのかについて示唆を与えるものだと思っている。

現象の普遍性

温帯のヤノネカイガラムシと寄生蜂の系では、カイガラムシがコストのかかる寄生回避策をもつことが、系の安定的な共存に効いていることが分かった。しかしこの現象がどの程度普遍的かは別問題だ。とくに、寄生蜂はカイガラムシよりも世代数が多いことが問題となる。なぜならば、寄生蜂は世代数が多いので、カイガラムシが増加するとただちに数を増やすことができるのに対して、たとえば熱帯の捕食性ホシカメムシではそのような機動的な対応はできなかったからだ。

普通の捕食者と被食者のあいだにはどんな関係があるのだろうか？　熱帯でのカメムシの研究は、捕食者―被食者の関係にとってどのくらいの普遍性をもつのだろうか？　なにしろ、熱帯で調べた捕食性のホシカメムシは極端なスペシャリスト（専門家＝偏食家）だが、捕食者の大部分はむしろジェネラリスト（万能家＝なんでも食い）なのだ。この疑問に答えるために、温帯に生息するごく普通の捕食者―被食者関係を調べることにした。

＊スペシャリストとジェネラリスト＝餌メニューの幅がごく狭いものをスペシャリストという。いわば偏食家だ。これに対して、餌メニューの幅が広いものをジェネラリスト（なんでも食い）という。捕食者ではジェネラリストが普通だ。

5章

身近な生物にみる天敵の影響

―日本の休耕田での実態―

普遍化を目指す

熱帯で研究したカメムシとそのスペシャリスト捕食者の関係は、それまでの生態学の教科書的見解とは大きく異なっていた。捕食者の存在は、被食者がとる捕食を避けるという被害防止策を通じて間接的に被食者に大きな影響を与えているようだった。捕食についてのこの見方はとても魅力的に思えた。

しかし、残された問題はたくさんあった。まず第一に、熱帯での結果はどの程度普遍的なのだろうか？　そもそもスペシャリスト捕食者などほとんどいないのだ。いたとしても、それはクジラがオキアミを食べるとかアリクイがアリを食べるような場合だ。いずれの場合にも、捕食者と被食者の大きさと個体数に極端な違いがある。そして被食者の立場からみて食われてしまうのを避けることは現実的には不可能で、かつ捕食される危険はごく低く、運次第というような例が多い。このような場合には、被食者は捕食回避にコストを払わずに、食われたら運が悪いとあきらめるのが最善の策だろう。

こうした事例が多いことから、熱帯で得られた成果は、熱帯のごく一部で生じる特殊な結果かもしれない。特殊ではなく普遍的なことを示すには、もっと一般的な捕食者—被食者関係でも同じような関係があることを示さなければならない。そこで、温帯の休耕田において代表的な捕食者であるカエルや小鳥とその潜在的な餌であるバッタの関係を探ることにした。カエルもバッタもごくありふれた里山の生物で、子どもでも知っている。私の研究の好みは、こうしただれでも知っているありふれた生物を対象にして、だれも気づかなかった真理を突きとめることなので、まさにぴったりだった。これらの研究は大学院生や卒論生だった岡田陽介、本間淳、鶴井香織、上村陽平君らと共同で行ったものである。

休耕田でカエルはなにを食べているのか?

京都市北郊の岩倉村松《いわくらむらまつ》には、京都市内とは思えない里山風景が広が

写真　京都市岩倉村松に広がる里山風景

っている。風致地区として保全されているためか、棚田、休耕田、畑とそれをとりまく雑木林がのどかに広がっている。ここに家を建てて住んだら気持ちいいだろうな、そんな気分になるところだ。その一角にある休耕田に入ると、バッタやコオロギ、ササキリなどがうじゃうじゃいる。クモやトノサマガエルも多い。バッタやキリギリスの仲間がなぜこんなに多いのか、以前から不思議だった。イナゴなどは佃煮《つくだに》にして食べるほどだから鳥やカエルにとってもおいしい餌だろう。しかもサイズもそこそこ大きく、個体数も多い。絶好の餌といえる。それにもかかわらずイナゴが大量に食われているようにはみえなかった。直感的になにかわけがあると感じた。

まず最初に、休耕田でもっとも数が多く目立つ捕食者であるトノサマガエルが、なにを食べているのかを調べた。解剖して胃の中身を調べるのが普通のやり方だが、解剖するとカエルは死んでしまいかわいそうだ。そこで、はき戻し法というのを使うことにした。カエルの口からピンセットを入れて胃の中身を抜き取るという方法だ。カエルにとっては迷惑だろうが、ケガをしないので解剖よりはずっとましな方法だとがまんしてもらうしかない。合計三一六個体のトノサマガエル

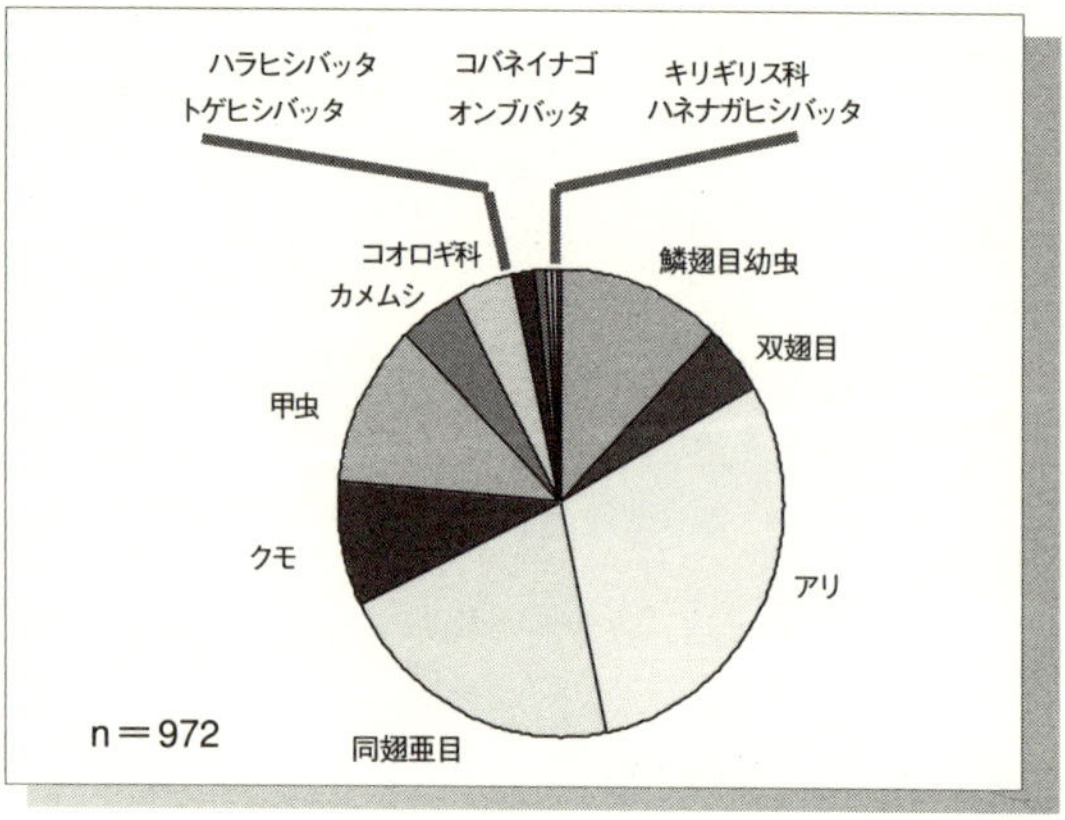

図5-1　トノサマガエルの餌メニュー（胃内容）　バッタやキリギリスはわずかしか食べていないことが分かる（本間2007による）。

からサンプルを得た。同時にカエルの体長と、捕まえた場所の土壌水分も測定した。

調べてみるとカエルの胃の中からは、さまざまな昆虫がでてきた（図5-1）。たくさんいるようにみえたバッタやコオロギの類は全部で一五％にも達しなかった。とりわけバッタ類は少なく、四％にすぎなかった。アリ、クモ、チョウやガの幼虫などが多かった。

比較のために休耕田に生息する昆虫類を根こそぎ捕まえてリストをつくった。九枚の休耕田の合計二七カ所でサンプリングした。九〇センチメートル四方で高さ四五センチメートルの立方体の枠を作成し、地面に置いて、その中にいるすべての生物をサクションキャッチャー（掃除機を改造したもの）で吸い取った。

調査の結果、休耕田に生息する生物の半分以上がバッタやコオロギの類だった（図5-2）。そしてヒシバッタ類はとりわけ多く全体の三

表5-1　ヒシバッタ3種に対するトノサマガエルの捕食成功率（Honma et al. 2006に基づく）

種	トゲヒシバッタ		ハラヒシバッタ	ハネナガヒシバッタ
	成虫	幼虫	成虫	成虫
食われた	3	5	14	12
食われなかった	11	0	0	3
		p=0.0048	p<0.0001	p=0.0028

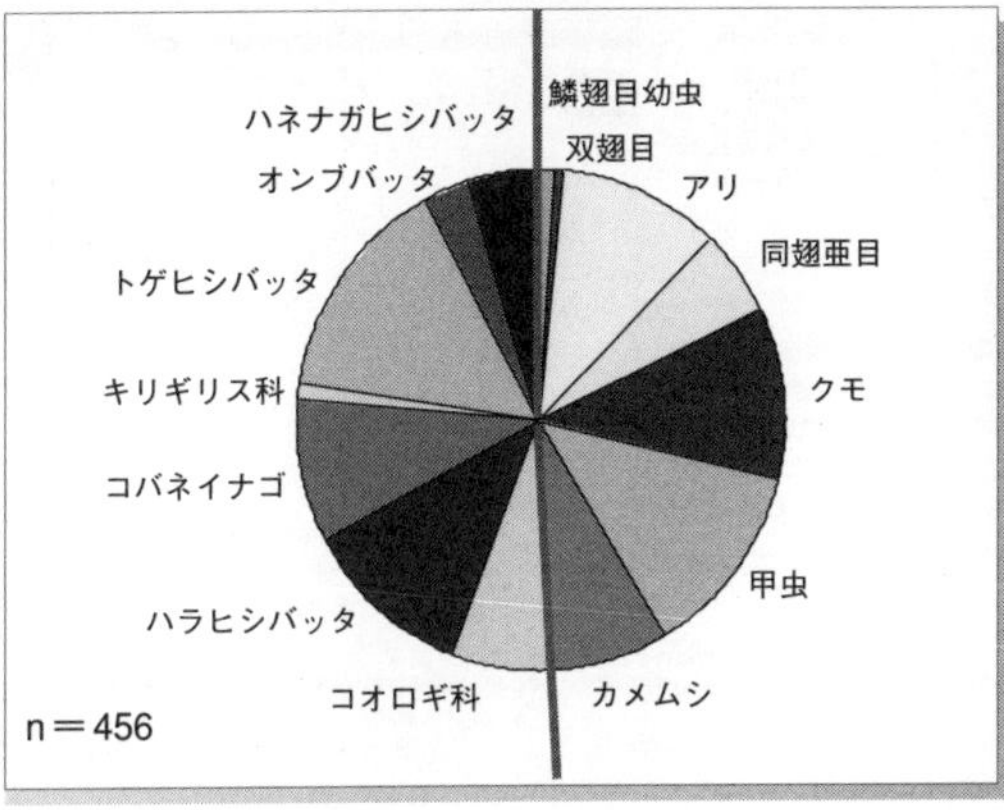

図5-2　休耕田に生息する昆虫の構成　全体の半分強をバッタやキリギリスの仲間が占める（本間2007による）。

○％にも達した。これとカエルの胃内容を比較してみた。この比較によって、各種の昆虫がどのくらいカエルに食われやすいかが分かる。比較のために下記の式で示されるイヴレフの餌選択指数（E）という指標を用いた。

図5-3には、休耕田にいる生物がどのくらいカエルに食われているかを餌選択指数（E）で示した。

カエルの餌メニューは大きく三つのカテゴリーに分かれた。好んで食べるチョウやガの幼虫、ランダムに食べるクモ、カメムシ、アリ、コオロギなど、そしてほとんど食われないバッタ類の三つだ。驚いたことに、バッタ類はたくさんいるにもかかわらずとても食われにくいことが分かった。臭くて嫌われるカメムシよりもはるかに食われないのはとても意外だった。実験室で、カエルにバッタ類を餌として与えると喜んで食べようとするから、カエルはバッタが嫌いで食べないのではない。

<イヴレフの餌選択指数>

E=(ri − Ni)／(ri ＋ Ni)

この式で、ri はトノサマガエルの胃内容に占める種 i の比率を示し、Ni はトノサマガエルの生息場所における種 i の比率を示す。カエルが餌のえり好みをせずにランダムに食べると ri と Ni は等しくなり、E は 0 となる。カエルが種 i を好んで食べると E はだんだん大きくなり最大で 1 に達する。反対に種 i を嫌って食べないと E は小さくなり最小で −1 となる。

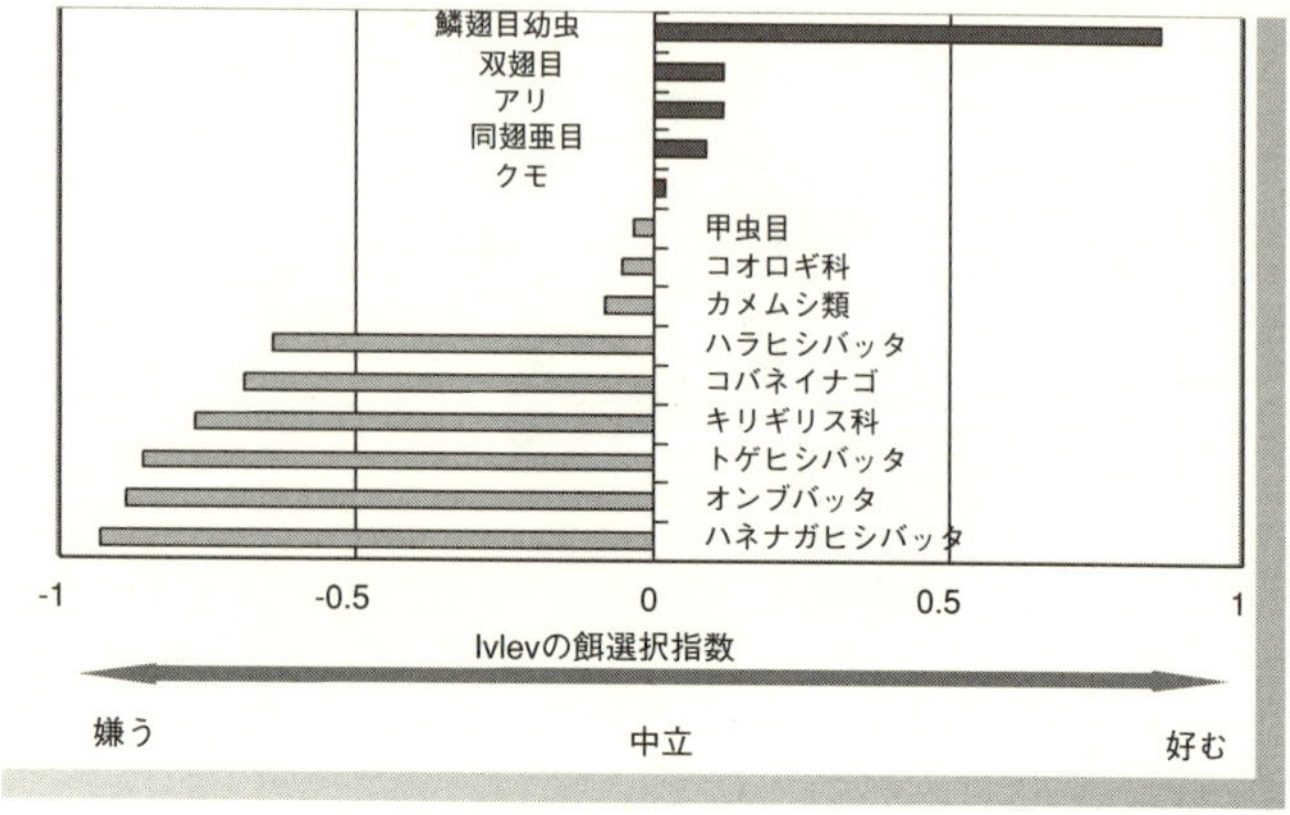

図5-3　イヴレフの餌選択指数によるトノサマガエルの餌の格付け（本間2007による）

なんらかの方法でバッタはカエルに食われない工夫をしている可能性が高い。それはどんな工夫なのだろうか？　この点について次に調べてみた。

バッタの捕食回避策　―死にまねは有効か？―

もっともありふれた捕食回避策は、捕食者と棲み場所を違えることだ。一見、均一にみえる休耕田にも微妙に異なった棲み場所が混在しているはずだ。そこでカエルとバッタの棲み場所を調べた。休耕田に多数いるバッタは、コバネイナゴ、ハラヒシバッタ、ハネナガヒシバッタ、トゲヒシバッタの四種だった。このうちコバネイナゴは大きすぎて、ほとんどのトノサマガエルは食べることができない。カエルがコバネイナゴを食べられないのは当然だった。

ハラヒシバッタは休耕田の中でも土がかなり乾燥した場所に生息していて、湿った場所に生息するトノサマガエルとは微小生息場所が大きく異なっていた（図5-4）。ハネナガヒシバッタはハラヒシバッタほ休耕田にはさまざまな環境が展開し、それぞれに適応した昆虫たちがすみ分けている。

ハラヒシバッタ

トゲヒシバッタ
（写真提供：築地琢郎）

どではないが、少し湿った場所でかつ水が常時ない撹乱《かくらん》された生息場所に生息していた。いずれのヒシバッタもトノサマガエルと同居するのは稀だったので、トノサマガエルに食べられないのは理解できる。

トゲヒシバッタは湿った場所を好み、トノサマガエルと生息場所が広く重複していた。したがってトゲヒシバッタがトノサマガエルに食われないのにはなにか理由があるはずだ。

捕食回避策としての死にまね

院生の本間淳君は、実験室でトノサマガエルに三種のヒシバッタとトゲヒシバッタの幼虫を与えて、捕食行動を観察してみた。

トノサマガエルはハラヒシバ

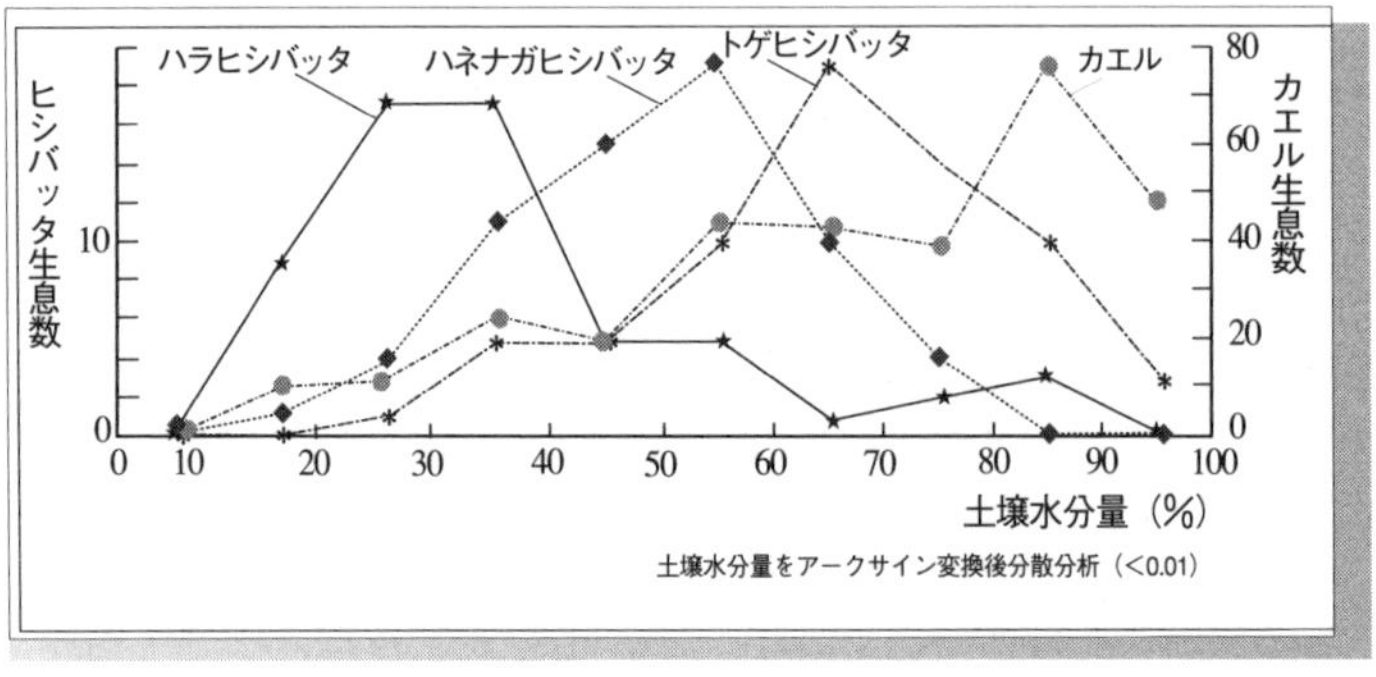

図5-4　ヒシバッタ類3種とトノサマガエルの土壌水分に対する好み　発見された場所の土壌水分量を測ってまとめた。トゲヒシバッタとトノサマガエルはよく似た土壌水分環境に棲んでいることがわかる（本間2007による）。

ッタ、ハネナガヒシバッタそしてトゲヒシバッタの幼虫を簡単に捕食してしまった。なすすべもないという感じだった。これとは対照的に、トノサマガエルはトゲヒシバッタの成虫に気づくとぱくりと口にくわえて飲みこもうとしたが、何度やってもなかなか飲みこむことはできなかった。カエルの口にくわえられるとトゲヒシバッタは硬直して妙な姿勢をとることが分かった。後ろ脚を腹側に垂直に曲げて硬直するのだ。いわゆる死にまねだ。この姿勢をとると、固く細長い前胸背板《ぜんきょうはいばん》、胸の棘《とげ》、後ろ脚がそれぞれ三次元に垂直に突き出すことになる。これを飲みこむのはいかにもたいへんそうだった。サバの骨がのどにひっかかった経験がある方なら容易に理解できるだろう。

擬死姿勢にはカエルの飲みこみ防止という機能がありそうだ。そこで、それぞれの部位の形と姿勢を操作して、どれが飲みこみ防止に効いているか調べることにした。前胸背板、胸の棘の切除、および後脚を極細の釣り糸で縛って死にまね姿勢をとれなくするという操作を組み合わせた。釣り糸は、カエルが気にしないようにアユの友釣り用の径〇・〇四九ミリメートルという極細のハイテク糸を使った。こんなに細くて丈夫な釣り糸は、世界中を探しても日本にしかない。死にまねの意義は飲みこみ防止と推測されたので、おそらくカエルのサイズによって死にまねの効果は違うだろう。そこで、さまざまなサイズのカエルを実験に使うことにした。

捕食実験の結果は明らかで、後ろ脚を縛って死にまね姿勢をとれなくすると、カエルは簡単に飲みこんでしまった。ただしこの死にまね姿勢も単独では効果がそれほどではなく、細長く固い前胸背板や胸の棘と組み合わせることで、捕食回避の効果はぐっと高まっていた（表5-2）。合わせ技で一本というわけだ。カエルはトゲヒシバッタを口にくわえると、バッタの向きを調整して飲みこみやすい方向でくわえなおす。このとき、バッタの頭を先頭にし、背中を上にして飲みこむのが好きだった。しかし、バッタが死にまね姿勢をとると、バッタの腹側に後脚が突き出た格好になるので、うまくくわえられず、やむ

表5-2　トノサマガエルの捕食成功に対する形・姿勢による防御の効果

要因	推定値	L-Rカイ２乗	p
前胸端の切除	0.297	5.420	0.020
後脚を固定	0.844	4.082	0.043
棘の切除	0.403	0.951	0.329
カエルの体長	−0.13	5.468	0.019

かたくて長い前胸背板の一部を切除するか、後脚を固定して死にまね姿勢をとれなくすると、カエルは容易に飲みこむことができる。ただし、こうした捕食回避法は大きなカエルには通用しない (Honma et al. 2006を改変)。

硬直したトゲヒシバッタをくわえた（a）が、飲みこむことができず（b）に吐き戻し（c）、もう一度くわえなおす（d）（本間2007による）。

なくバッタを横倒ししてくわえる。このとき、胸の側面にある鋭い棘がカエルの上顎《うわあご》と下顎《したあご》に刺《さ》さることになる。カエルがバッタを飲みこむところをよく観察すると、丸い目玉が少し引っこむことが分かる。カエルの口を開けて、内側から上顎を観察すると、目玉の下半球がはっきりと認められる。飲みこむときには、この目玉半球が下がり、その勢いで飲みこむようだ。しかし、バッタの棘があるとこの目玉半球にあたってうまく飲みこめないようだ。うまくできているものだ。

死にまねは万能か？

死にまねがトノサマガエルに対する特異的な捕食回避手段であることを確認するために、鳥やカマキリなど他の捕食者に対する死にまねの効果も調べてみた。調査地でトゲヒシバッタを捕獲し、摂氏三〇度の恒温室（一六時間日長）に一日以上入れ、枯れ葉と脱脂綿にしませた水を与えて実験環境になじませた。オスとメスで体サイズが違うので、実験にはオスだけを使った。

野外で潜在的な捕食者になりそうなのは、鳥、カエル類、捕食性昆虫類、そしてクモだった。鳥の代表としてウズラの中ヒナ（三〇日齢）

を選んだ。餌として配合飼料と水を与えて、実験当日は空腹度を均一にするために朝から餌を与えなかった。カエル類としてはトノサマガエルを、捕食性昆虫としてはチョウセンカマキリを、クモ類としてはキクヅキコモリグモをそれぞれ選び実験に用いた。実験までは一週間以上、恒温室（一六時間日長）に入れて、実験環境になじませた。餌としてはミールワーム（ないしはモンシロチョウの幼虫）と水を与えた。実験二四時間前から絶食させ、空腹度を均一にした。各捕食者の飼育ケージにトゲヒシバッタ一匹を導入し、捕食行動を観察した。

予想どおりに、トゲヒシバッタはカエルの口にくわえられた場合にだけ死にまね姿勢をとった（表5-3）。鳥につつかれても、カマキリにかじられても死にまねはまったくしない。あたかも、死にまねをしても無駄なことをあらかじめ知っているかのような態度だった。遊び心で、カエルの口にトゲヒシバッタを入れて人間の手でカエルの口をもぐもぐさせてみた。驚いたこ

表5-3　トゲヒシバッタに擬死を引きおこす捕食者
(Honma et al. 2006による)

捕食者	攻撃機会	擬死発生	捕食成功
ウズラ	10	0*b*	2
トノサマガエル	20	17*a*	4
チョウセンカマキリ	9	0*b*	8
キクヅキコモリグモ	20	0*b*	0

とに、トゲヒシバッタは死にまねをしなかった。カエルの口の中にある物質が死にまねを直接引きおこすなどという単純な話ではなさそうだ。死にまねを引きおこす至近メカニズムは、生態学的にはそれほど重要ではないが、興味深いと思う。

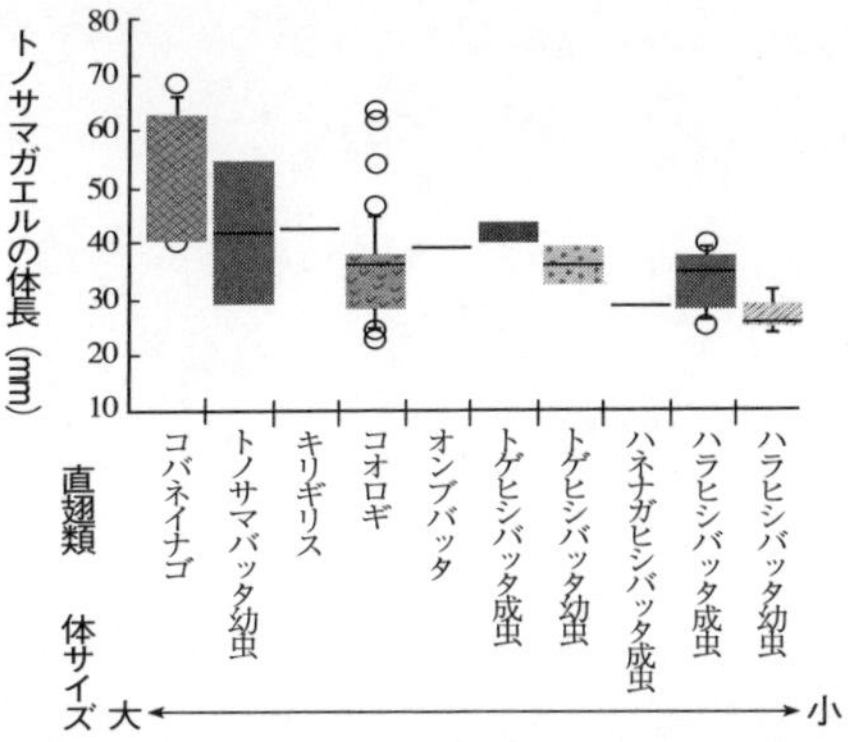

図5-5　トノサマガエルの体長と食べていたバッタ類の体長の比較　大きなトノサマガエルは比較的に大きな餌を好んで食べていることが分かる（本間2007による）。

大型のカエルからいかに身を守るか

死にまねという必殺技も大きなカエルにはまったく通用しなかった。効果は捕食者のサイズ次第という面もあった。ただし、おもしろいことに、野外では大型のトノサマガエルであってもトゲヒシバッタを食べていなかった。食べているのはもっぱらずっと大きな餌に限られていた。カエルのサイズと食べている餌のサイズとのあいだには、きれいな正の相関関係があった（図5-5）。

カエルに限らず多くの捕食者は、採餌の効率が高くなるようにさまざまな工夫をしている。その一つが、小さすぎたり、大きすぎる餌を無視するというものだ。図5-5から判断して、トゲヒシバッタは大型のトノサマガエルには無視される大きさと考えられる。ただし、トゲヒシバッタのサイズが大型のトノサマガエルに対する捕食回避策として進化したとは思えない。なぜならば、大型のトノサマガエルは個体数が少ないので、捕食リスクもごく小さいからだ。トゲヒシバッタの成虫サイズはおそらくトノサマガエルの大多数を占め、捕食リスクが高い小型の当年生まれのカエルに対する捕食回避策として進化したものだろう。

幼虫はどうやって捕食を逃れるのか？

残された疑問は、体が固くないトゲヒシバッタの幼虫がなぜ食われないのかだった。

調べてみれば理由はごく簡単で、トゲヒシバッタの幼虫期はトノサマガエルがオタマジャクシの期間とぴったり一致していた。季節的な捕食回避というやつだ。偶然という可能性はないだろうか？　トゲヒシバッタは年一化だ。もっと暖かい亜熱帯でも年一化のようだ。おそらくその地方で潜在的な捕食者となるカエルがオタマジャクシでいる期間を幼虫期間と合わせているのではないか？　もし異なる生活史スケジュールをもつカエルに応じて、トゲヒシバッタの幼虫期間が変化すればこの仮説は検証できるだろう。

死にまねの適応的意義

トゲヒシバッタの死にまねによる捕食回避を調べたことは、死にまねの研究に大きな進展をもたらした。死にまねはだれでも知っている。熊にあったら死にまねをすれば助かるなどという言い伝えは有名だ。ところがなぜ死にまねをするのかについては、実はよい説明がなかったのだ。死にまねは、捕食者が被食者を発見した、あるいは捕まえた直後におきる。せっかく捕まえて「さあ食べよう」としたときに、被食者が死んでいるようにみえたら食べるのをやめるだろうか？　というのがまず疑問だ。さらに、死にまねと本当の死体は簡単に区別できる場合が多い。トゲヒシバッタの場合には、死体はけっして後ろ脚を腹側に曲げたりしない。その一方で、死体は脚を伸ばすが死にまねの場合には脚を縮めるという場合もある。死体に似せるのであれば、そっくり似せるべきなのになぜこんなへまをするのだろうか？　これがもう一つの疑問だった。

トゲヒシバッタの研究はこうした長年の疑問に新しい解釈をもたらした。死にまねで大切なのは「死んでいる」というニセ情報を発信して捕食者をだますことではなく、硬直した姿勢そのものに捕食回避の機能があるというものだ。この観点に立てば、死にまねにかかわる未解明のさまざまな現象がうまく説明できることが分かった。たとえば、カワゲラという水生昆虫の一種は、水流に乗って移動するときにはくるりと丸まって長い尾角が体から突きでるような姿勢をとる。マスはこのカワゲラを食べようとするが、この格好をされると尾角が口にあたりうまく食べられないという。似たような現象はカミキリムシの一種でも報告されていて、おそらく鳥がうまく食べられないのではないかと推測される。カミキリムシの長い触角や、飛ぶときに脚を大きく広げる姿勢も、鳥が飲みこむのをむずかしくしている可能性がある。これとは対照的に、捕食者が近づくとぽろりと下に落ちて死にまねする昆虫は、脚をきちんとたたむ。捕食者は、足や触角といった体からはみ出た部分をたよりに餌を探すので、この場合は足をたたむのが捕食回避に有利なのだろう。

いずれにせよ、これまでまったく注目されなかった死にまねの姿勢こそが機能的に重要というアイデアは、死にまねの研究にパラダイム転換をもたらしたと『ネイチャー』誌上で評価された（Ruxton 2006）。

＊パラダイム paradigm＝ものごとを考えるときの基礎となる枠組みのこと。死にまねを例にとると、「死んでいるというニセの情報を捕食者に与えることで被食者が食われるリスクを下げる」という考え方が古いパラダイムに相当する。この章で代わりに提唱されるパラダイムは、「死にまねのときにとる姿勢そのものが捕食者の飲みこみを防ぐために重要だ」というものだ。

余談になるが、院生の本間君による死にまねの研究が論文として受理されるのはとてもたいへんだった。研究内容には自信をもっていたが、最初に投稿した専門誌からは即座にリジェクト（却下）された。一人のレフェリーは、トゲヒシバッタの死にまねなんかは、ライオンに襲われたシマウマが暴れたときにたまたま脚でライオンを蹴っ飛ばして捕食を逃れたのと同じで、生態学的になんの意味もないとまで酷評した。編集委員長からはさらに、野生の生物を鳥に食わせるという実験方法は、残酷で倫理規定に反するので、仮に内容がよくても掲載できないと言われた。同じ専門誌には、昆虫に寄生する寄生蜂の研究などがたくさん出ているのに、なぜ捕食の研究だけが倫理に反するのか納得できなかったが、どうやら野生生物を使ったというのがまずかったらしい。寄生蜂などは、実験室で飼育しているので野生生物でなく、イナゴは野生生物なのでだめという理屈らしい。これを避けるために、実験に使った生物は飼育したもので野生生物ではないと書いておくのが、免罪符となっていることを後で知った。無駄に生物を殺すのは嫌いだが、あまりに偽善的な倫理規定にはいささか驚いた。しかしこれが最近の国際基準だそうだ。

死にまねのコスト

さて、トゲヒシバッタは硬直した死にまね姿勢ゆえにトノサマガエルの捕食を逃れることが分かった。一見とてもうまいやり方に思えるが、本当にそうだろうか？　トノサマガエルは飲みこめないトゲヒシバッタをなんどもくわえなおしたあげくにようやくあきらめた。残されたトゲヒシバッタは死ぬことはなかったが、動きもにぶく相当消耗した様子だった。もちろん食われて死ぬよりはましだが、かなりのコストがかかるのは明白だった。もっとうまいやり方はないのだろうか？

ここで注意してほしいのは、カエルは待ち伏せ型の捕食者だということだ。探索型の捕食者の場合には、餌を認知できる範囲に近づくこと、餌の発見、襲撃、消費にいたる一連の過程がすべて成功しないと捕食できない。被食者の立場からみれば、一連の過程のどこかで捕食者を失敗させることができれば捕食を逃れることができるわけだ。そしてできるだけ、初期段階で捕食を逃れるほうがよい。その理由は、終盤になればなるほど捕食を逃れる可能性が下がることと、捕食を逃れてもケガをする可能性が高くなるからだ。いちばんいいのは捕食者にみつからないことだ。

これに対して、待ち伏せ型捕食者の場合には、被食者は襲撃されてはじめて気がつく。したがって捕食を逃れるには、襲撃からなんとか逃れるしかない。捕食者のほうが体が大きいのが普通だから、襲撃を逃れるのはとてもむずかしい。ここで、カエルは餌を丸飲みすることにさらに注意してほしい。丸飲み型の捕食者にはカエルの他、鳥や魚の一部が入る。丸飲み型の捕食者では口やのどのサイズが飲みこめる餌の大きさを決める。したがって、飲みこまれる直前に体のサイズを大きくすることができれば飲みこみを防ぐことができるのだ。

トゲヒシバッタはまさにこのやり方で捕食を逃れているのだ。カエルの口にくわえられた刹那《せつな》に後ろ脚を曲げて硬直することで、飲みこまれないようにしているわけだ。ほとんどのカエルは、顎《あご》に筋肉がなく顎の力で餌を押しつぶすことができない。これに対してたとえばカナヘビはサイズが小さいにもかかわらず顎の力が強い。トゲヒシバッタを与えると簡単に顎で押しつぶして食べてしまう。カナヘビはトゲヒシバッタとは異なり、休耕田でも草の上にいる。だからトゲヒシバッタの捕食回避策がカナヘビに通用しなくても当然なのだ。

実はトゲヒシバッタはこれ以外にもカエルからの捕食を避ける手段をもっているらしい。捕食行動を詳細に観察した院生の本間君によると、カエルがバッタに気づいて向きなおるとバッタはフリーズ（硬直）するという。カエルは餌が動かなくなると、背景と区別ができなくなるそうだ。われわれ人間からみると想像できないが、餌が動かなくても背景から区別できるには特別の仕組みが必要らしい。

トカゲ、鳥あるいは人などでは、目で対象に焦点を合わせると自動的に眼球が微妙に震えることで対象が背景に溶けこんでしまうことを防いでいるらしい。したがってカエルにみつかったらフリーズするというのは実に合理的なのだ。この作戦はトカゲや鳥には通用しないが、このことは逆にトゲヒシバッタのフリーズがカエルに対する捕食回避策であることを示唆している。ことわざでは、ヘビににらまれたカエルは動けなくなるらしいが、ヘビの視覚を考えるとどうやらこれはあやしい。

ヒシバッタのさまざまな捕食回避策

トゲヒシバッタは、硬直した死にまね姿勢でトノサマガエルの捕食を逃れることが分かった。それでは同じ休耕田に生息するが、トノサマガエルとは生息場所が異なるハラヒシバッタやハネナガヒシバッタはどんな逃げ方をして捕食を回避するのだろうか？　地上にいる重要な捕食者は、トノサマガエルの他にはクモと鳥だった。いずれも俊敏に動いて餌を捕まえる捕食者だ。したがって、バッタは巧みに跳ねることで捕食を回避していると予想した。

そこでハラヒシバッタ、ハネナガヒシバッタ、トゲヒシバッタの三種の跳ねる能力を測定し、比較した。事前に、跳ねる行動をよく観察した。ハラヒシバッタは高速でピンと跳ね、たちどころに人の視野から消え去り、目で追跡するのはむずかしかった。体はずんぐりむっくりで後ろ脚の筋肉は太くいかにもスプリンターという風情だ。これに対して、ハネナガヒシバッタは跳ねる能力はハラヒシバッタに劣るが、捕食者の接近に敏感に気づいて逃げ、跳ねるとそのまま翅を開いて飛翔し遠くまで逃げた。トゲヒシバッタはいかにも鈍重だったが、体の固さで鈍重さをカバーしていた。あるいは鈍重さは体の固さの必然的な副産物なのかもしれなかった。

以上の予備観察をもとにして跳躍能力を、前後左右から捕食者が接近した場合を想定して測ることにした。困ったのは捕食者の代わりになにを使うかだ。定量的に測るために、まず小さな機械式台車の上にカエルの模型を載せて一定速度でバッタに近づくように工夫してみた。ところが驚いたことにはバッタはまったく逃げず、そのまま台車に轢《ひ》かれてしまった。どうやら一定速度で跳ねも歩きもせずに近づくものを捕食者とは認識しないようだ。考えてみれば自然界にこのような捕食者はいない。車に轢かれて道ばたで死んでいる多くの動物たちは、ひょっとしたらこのような車の接近法を動物がうまく認知できないためかもしれない。

捕食に関する類似の研究を調べてみると、たとえばヘビの捕食行動の研究では実験者が指を動かしてヘビの食い気を誘うことが分かった。やはり機械的ではなく生物的動きが必要なのだ。そこでヘビの研究を参考に実験者の手の動きを利用して捕食者のダミーとすることにした。実験室の床に大きな白い木綿のシーツを広げ、そこに方眼升目を書きこんだ。そして片手にペンをもちペンに動きを与えつつバッタに近づける。バッタはペンの接近に気づくとまず体の方向を変える。さらに接近すると跳ねて逃げた。捕食者が近づいたときと同じ反応だった。

バッタの反応を以下の六項目を測定することで調べた。①反応臨界距離：刺激に対して初めて反応を示したときの刺激からの距離で、刺激に対する敏感さの指標となる。②跳躍開始距離：バッタが跳躍したときの刺激からの距離。③跳躍（飛翔）距離：跳ねてから着地するまでの距離で、飛翔した場合も含む。④角度補正個体率：跳ぶ前に刺激に対して体軸の方向を変えた個体の割合。⑤補正角度：跳ぶ前に刺激に対して体軸の方向を変えた角度。⑥跳躍角度：跳躍を開始した時点の体軸方向からバッタがずれて跳んだ角度。

これに加えて、捕食者刺激に対してバッタがどのように回避するかを総合的に考慮した指標として、回避角度というものを考えた。これは、補正角度と跳躍角度の和を、刺激方向からどれだけ離れたかを基準にとって補正したものである。捕食者が接近する方向によって補正角度は異なる。前から接近してきた場合は、真後ろに（一八〇度）跳ぶのがよく、後ろから接近された場合にはそのまま（〇度）前に跳ぶのがよいことになる。したがって、左右から襲われた場合には、それぞれ右へ九〇度、左へ九〇度が最適な回避角度となる。

結果は図5-6に示した。予備観察からの予想どおり、ハラヒシバッ

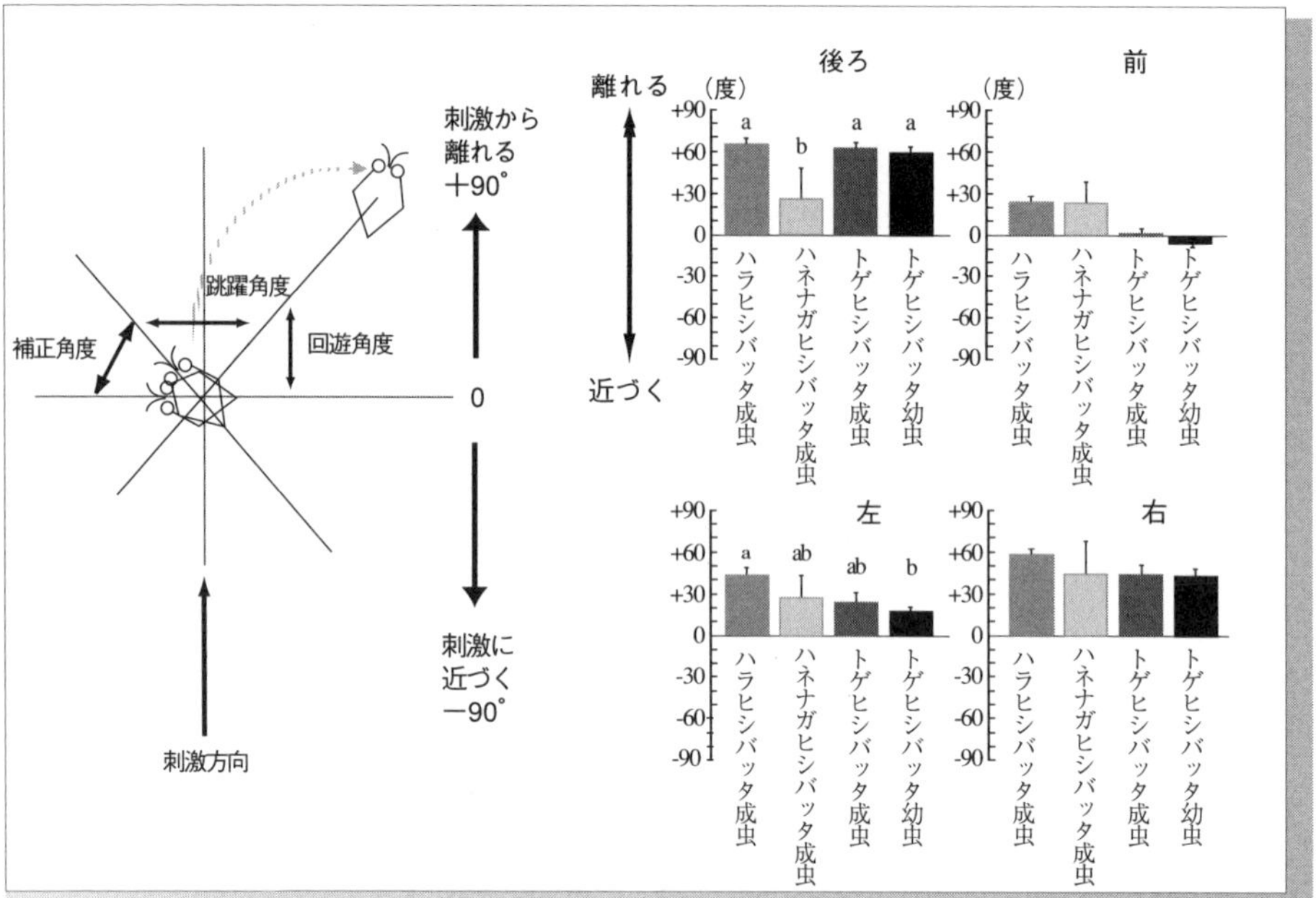

図5-6　刺激からの回避角度と距離　ヒシバッタ類3種が接近してくるダミー捕食者からどのように逃避するかを回避角度により比較したもの。回避角度は、跳躍前に捕食者から遠ざかるように角度を変える補正角度と飛んでから角度を変える跳躍角度から求められる。回避角度は－90°から＋90°のあいだの値をとり、捕食者からもっとも遠ざかるように逃げたときに＋90°、捕食者にもっとも接近するように逃げたときに－90°となるように定めた（本間2007を改変）。

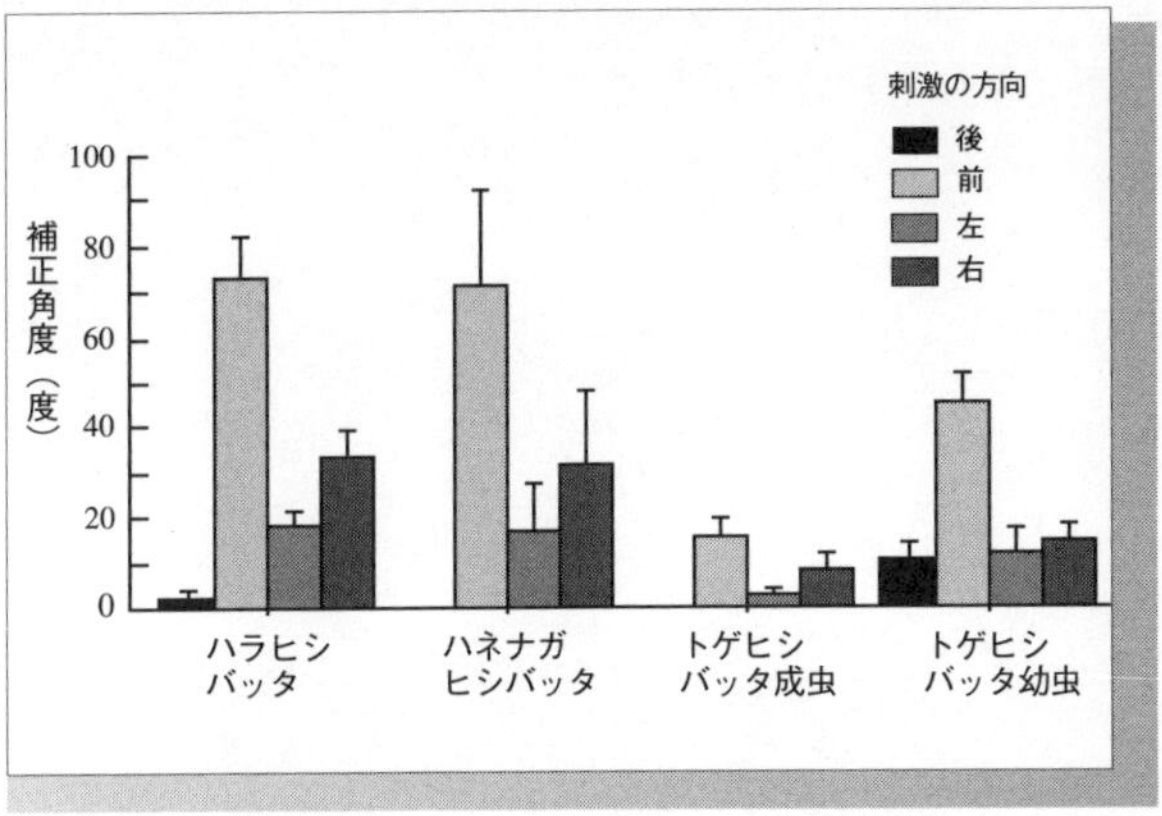

図5-7　跳躍後の角度補正　跳躍したあとの角度の変え方をヒシバッタ類3種で比較した。トゲヒシバッタの成虫だけが、角度をうまく変えて捕食者から逃げるのがへただった。

タは機敏に方向を変えて逃げた。ハネナガヒシバッタは機敏さにおいてはハラヒシバッタにやや劣るものの、飛翔により遠くへ逃げた。さらに後ろから捕食刺激が近づいたときでも鋭敏に察知して逃げた。ハネナガヒシバッタが捕食者の接近にとりわけ敏感な理由として、目が潜望鏡のように頭から高く突き出ていることが挙げられる。トゲヒシバッタはもっとも鈍重で、逃げるのがへただった。参考のためにトゲヒシバッタの幼虫のデータを示した（図5-7）。幼虫は成虫とは異なりよろいのような固い前胸背板や棘をもたない。そのせいで成虫に比べると機敏に逃げることができた。つまり、トゲヒシバッタはもともと鈍重というわけではなく、厚くて固いよろいをまとっているために機敏に動けないか、動く必要がないかのいずれかであることが分かった。

逃げ方は種により大きく異なったが、全般的に後ろから襲われた場合に反応がもっとも鈍かった（図5-7）。ヒシバッタが主に視覚によって捕食者を認知することを考慮するともっともだと思う。意外だったのは、前から捕食者が接近したときにはもっとも早くから反応を開始するのに、実際に跳ぶのはいちばん遅かった。その理由として、おそらく跳ぶ前に大きく体の方向を変える必要があるので（角度補正）、余分に時間がかかることが考えられた。あるいはもっと積極的な理由として、跳ねて逃げる能力に自信がある場合には、跳ぶ前に角度補正をすることで捕食者の注意を引いてもかまわないか、むしろ捕食者に対して「襲っても無駄だ」という信号を発しているのかもしれない。というのは、実際に跳ねて逃げるよりも、角度補正をするほうがエネルギーの損失が少なくてすむかもしれないからだ。

逃げ方については大まかに分かったが、跳ねる速度もどうやら三種で違う。ハラヒシバッタは目にも止まらぬ早さでピンと跳ねて視界から消えるが、トゲヒシバッタはもったりと跳ねる。この違いを定量化するために、一秒に四〇〇〇コマ撮影できるという高速カメラを使ってバッタの跳ね方を調べてみた。ハラヒシバッタの跳ねるスピードは事前の予想よりもずっと速く、一秒に四〇〇〇コマ撮影してもわずか数コマで撮影視野から消えさった。ハネナガヒシバッタはこれに比べるとゆっくりと跳んだが、すぐに飛翔に移り遠くまで飛んでいた。トゲヒシバッタは鈍重に跳ねて飛翔に移った。人の目からみるとトゲヒシバッタを捕まえるのがいちばん簡単で、ハラヒシバッタとハネナガヒシバッタは捕まえにくい。ハラヒシバッタの場合は素早く跳ねるので目で追跡するのがむずかしく、一方、ハネナガヒシバッタは接近する前に敏感に跳んで逃げ去るので追いかけるのが面倒になる。

実際にこれらバッタ類を捕食するのは鳥など人間よりもずっと小型の捕食者なので、近距離からこれらのバッタが跳ねると瞬時に視野から消え去ってしまうことが容易に想像できた。鋭敏に跳ねることは、カエルなど待ち伏せ型の捕食者には通用しないが、鳥など探索型の捕食者にはとても有効な捕食回避策であろう。ただし、鳥が果たしてヒシバッタの有力な捕食者たりうるのかどうかはよくわからない。なにしろ小さすぎて野外で捕食の場面を観察できないのだ。鳥の捕食については、もっと大型のバッタを対象として違った切り口で研究する必要がある。

休耕田における鳥の捕食と自切 ―生き残りのコスト―

鳥による昆虫の捕食については、実はほとんど研究されていない。そんなばかな？　鳥の巣の前にカメラを設置すれば鳥の餌メニューなど簡単に分かるはずだと思うだろうが、実は厄介な問題があるのだ。

確かに鳥がどの昆虫を餌として食べるかはそんなにむずかしい問題ではなく、古くから鳥の研究者によって詳しく調べられている。ところが私が知りたいのは、鳥の捕食量ではなく鳥が捕食に失敗したときの効果なのだ。捕食に失敗した虫を鳥は持ち帰らないので、直接観察によりどのくらい失敗するのかを調べる必要がある。ところが野鳥は人を恐れて人前ではなかなか捕食行動を観察できない。特に捕食を逃れた昆虫に対する効果を調べるにはよほど近くから捕食行動を詳細に観察する必要がある。これまでにも、野鳥による昆虫の捕食を直接観察しようとして多大な労力をかけたあげくに失敗した記録は、私の所属する研究室だけでもいくつもある。

そこで違うやり方を考えた。知りたいのは鳥の捕食を逃れたバッタにどんな影響があるかだ。したがって鳥が捕食の際に特有の痕跡を残せばそれを利用して、捕食の影響を評価できるかもしれない。たとえばチョウでは、鳥が翅をつつくと左右対象の大きな傷ができ、これはビークマークと呼ばれる。ビークマークを利用すれば鳥の捕食の影響を定量的に研究できそうだ。

＊ビークマーク beakmark＝鳥のくちばしによる傷という意味。チョウやガが鳥につつかれたときに生じる特徴的なケガのこと。左右の翅に対称的に大きな傷がつく場合が多い。

それではなぜ、ビークマークを利用した研究はあまりないのだろうか？　実はこれにも理由がある。ビークマークは鳥に襲われて致命的でない傷を負い、生き延びた印だ。この文脈で、かつて戦闘機のパイロットは撃墜した戦闘機の数を星形マークにして機体につけて誇示したという話を思い出してほしい。ビークマークはいわば星形マークで、度重なる鳥からの襲撃をうまく逃れた栄光の印なのではないだろうか？　もしそうならば、ビークマークが多いほうが、鳥から逃れる能力が高いことを意味し、ビークマークの多い少ないで捕食圧を評価することには意味がないことになる。そんな議論が一九六〇年代に巻きおこり、その結果、昆虫に対する鳥の捕食の研究はしぼんでしまった。

　ところが一九九五年になって同じ研究室の大崎直太博士が、ビークマークの多い少ないで鳥に襲われやすさを正確に評価できることを理論的に示し、その結果を『ネイチャー』誌に発表した。大崎氏がその理論を完成するまでには紆《う》余《よ》曲《きょく》折《せつ》があり、複数の数式をいじりながらどうすればパラメター（限定要因）を減らすことができるかに熱心に取り組んでいた。その過程で私も相談を受けたのだが、しばらくやってみてとても無理だと匙《さじ》を投げたのだった。

＊パラメーター parameter＝数式において補助的な役割を果たす変数のこと。媒介変数ともいう。数式においてパラメーターの果たす役割は、パラメーターを動かしてその結果、その式がどのように変化するかを調べることで知ることができる。

ところが大崎氏があれこれ工夫しているうちに、まるで知恵の輪がするりと解けるように数式がみるみるシンプルになった。その結果、ビークマークが多い個体ほど鳥によく襲われやすいこと、そしてわずかなビークマーク率の違いが鳥の捕食圧の大きな違いを示すことが明白になった。この研究が発表されてからビークマークを利用した鳥の捕食の研究はふたたびルネサンスを迎えた。

さて、バッタでビークマークに相当するものはないだろうか？　そう考えたときにバッタではしばしば後ろ脚が欠けた個体がいることに思い当たった。後ろ脚が欠ける現象は自切《じせつ》と呼ばれ、トカゲのシッポ切りと同じく、体の一部を犠牲にしてでも捕食者から命を守る意義があるとされている。しかし調べてみると、バッタの自切はどんな捕食者が引きおこすのか、それが捕食回避にどのように役立っているのかを調べた研究はなかった。都市伝説のように一般の人に流布しているが、実態はなにもなかった。そこでまず自切の実態について調べてみた。

イナゴの自切

休耕田にはイナゴがうじゃうじゃいる。戦後、殺虫剤が大量に使われた時期には激減したらしいが、最近では山間部の休耕田にたくさんいる。昆虫としてはめずらしく佃煮にして売られているほどだから、鳥にとってもおいしいに違いない。そう思って研究室の院生とともに試しに佃煮を食べてみたが、お世辞にもおいしいとは思えなかった。ただ一人、信州出身の院生がおいしいといって食べていたので、習慣や郷愁の効果もあるようだった。私がなるほどと思ったのは、後ろ脚が食べるのにじゃまになることだった。飲みこむときに後ろ脚がのどにひっかかって飲みこみにくいのだ。おまけに後ろ脚のすねにあたる部分にはやすりのような棘がびっしりとあり、これがのどをいがいがにするのだった。体の大きな人間にとっても飲みこみにくいのだから、小さな鳥にとってはイナゴの後ろ脚はすごくじゃまだろう。飲みこむ前に後ろ脚をとるのではないだろうかと想像してみた。

この想像が本当かどうかウズラにイナゴを与えて調べてみた。普段、配合飼料ばかり与えられているウズラはイナゴなど生き餌が大好きだった。丈夫なくちばしでイナゴをつつくと、イナゴは後ろ脚を背中に

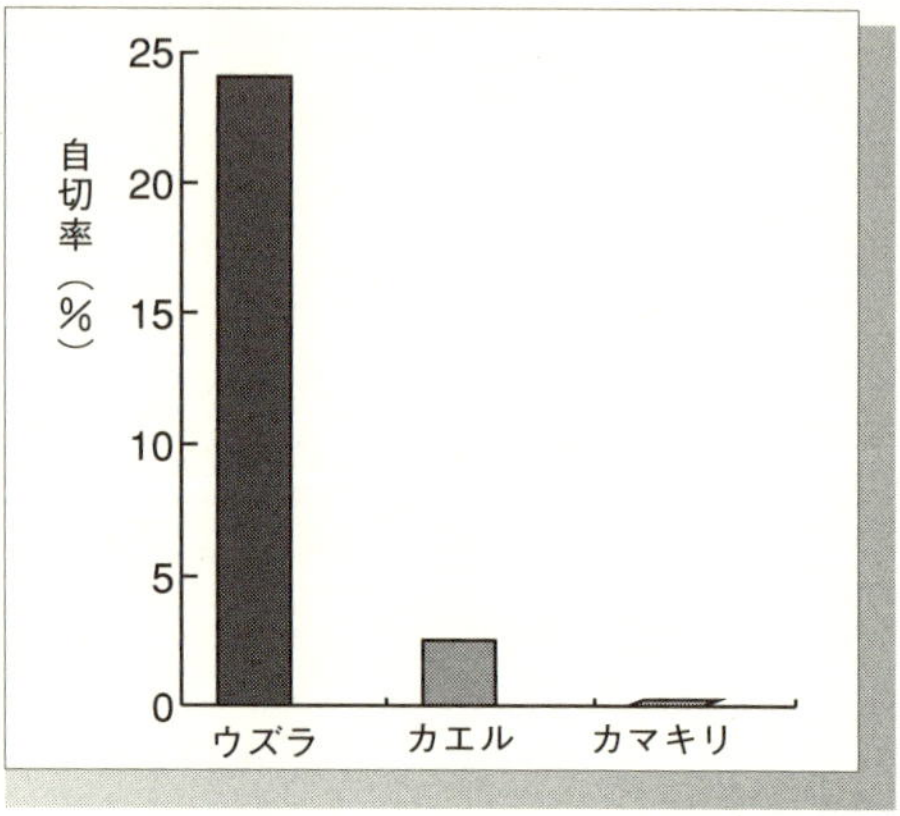

図5-8.　イナゴの自切を引きおこす捕食者　捕食者としてウズラ、トノサマガエル、チョウセンカマキリの3種を比較した（岡田未発表による）。

あげて体をかばうような格好をした。そのときウズラは大きくて目立つ後ろ脚の腿節《たいせつ》と脛節《けいせつ》の接続部（人だと膝《ひざ》に相当する）をくちばしでくわえた。くわえた刹那にイナゴは自由のきくもう一方の後ろ脚で勢いよくウズラの頭を蹴り、遠くへ跳ねて逃げた。ウズラのくちばしにはイナゴの後ろ脚が見事に残されていた。ウズラが自切を引きおこすことは明らかだった。

鳥以外ではおきないことを検証するために、トノサマガエルやカマキリでも調べてみた。結果は明らかで、鳥だけが高い頻度で自切を引きおこしていた（図5-8）。そして自切することにより、イナゴは鳥の捕食をうまく逃れていた。例外が一つだけあり、トノサマガエルがイナゴの自切を引きおこしたことがあった。このときは、ジャンプしてきた目の前に来たイナゴをトノサマガエルがぱくりとくわえたときに、くわえた部位がたまたまイナゴの後ろ脚の膝部分だったために瞬時に自切がおきた。ただしこれは例外的で、その後このようなシーンは一度もみていない。

自切のメカニズム

先行研究により、バッタの自切は後ろ脚の付け根（転節と基節の境界）が離れることでおきることが分かっている。この分離面には筋肉が通っておらず、ただ一本の神経でつながっているだけだ。ただしこの神経は実に丈夫で、引っ張っても切れることはない。無理に引っ張るとイナゴの体が別の場所でちぎれてしまう。あまりに残酷なので無理に引っ張る実験は中止して、鳥のつつき方を真似して自切がどのように生じるかを観察した。

まず後ろ脚を八分割してそれぞれの部位を鳥のくちばしの代わりにピンセットでつまみ六〇秒内に自切がおきるかどうかを調べた。結果は明瞭で、いわゆる膝の部分をつまんだときにだけ自切はおきた。とくに鳥のように膝の前後をつまむと簡単に自切がおきることが分かった。つまりつまむ部位と自切がおきる部位はまったく違うのだ。考えてみれば、捕食者につままれた部位よりも根元で自切しなければそもそも捕食者から逃げることはできない。膝をつままれて腿《もも》の付け根で分離するというのは実に合理的なのだ。

鳥の攻撃行動と照らし合わせて考えると、自切のメカニズムはよく理解できる。鳥がイナゴを攻撃するとイナゴは後ろ脚を上げて体を攻撃からかばうような姿勢をする。このとき鳥は邪魔になる後ろ脚をつまむのだが、もっともつまみやすく目立つ膝部分をつまむと自切がおきるわけだ。鳥が足をつまんで持ち上げた利那にイナゴはもう一方の後ろ脚で鳥を蹴って跳ね去ることがあった。このとき鳥は跳ね去ったイナゴを見失うことが多く、自切が適応的なのは明らかだった。

自切の適応度コスト

以上から自切は鳥の捕食を逃れるための適応であることは分かった。後ろ脚一本を失うことで命が助かるのだから、自切の効果は明らかだった。ただし、命が助かればすべてよしというわけではない。自切はいわば「予期されたケガ」なのだから、ケガしたあとのコストができるだけ小さくなるような工夫があってしかるべきなのだ。自切のコストを減らすような工夫があるのかどうかを、まず自切前後で跳躍能力がどの程度下がるかを調べることで検討した。跳躍距離について調べた（図5-9）。

その結果、跳躍距離は確かに低下するものの、低下の度合いはごく

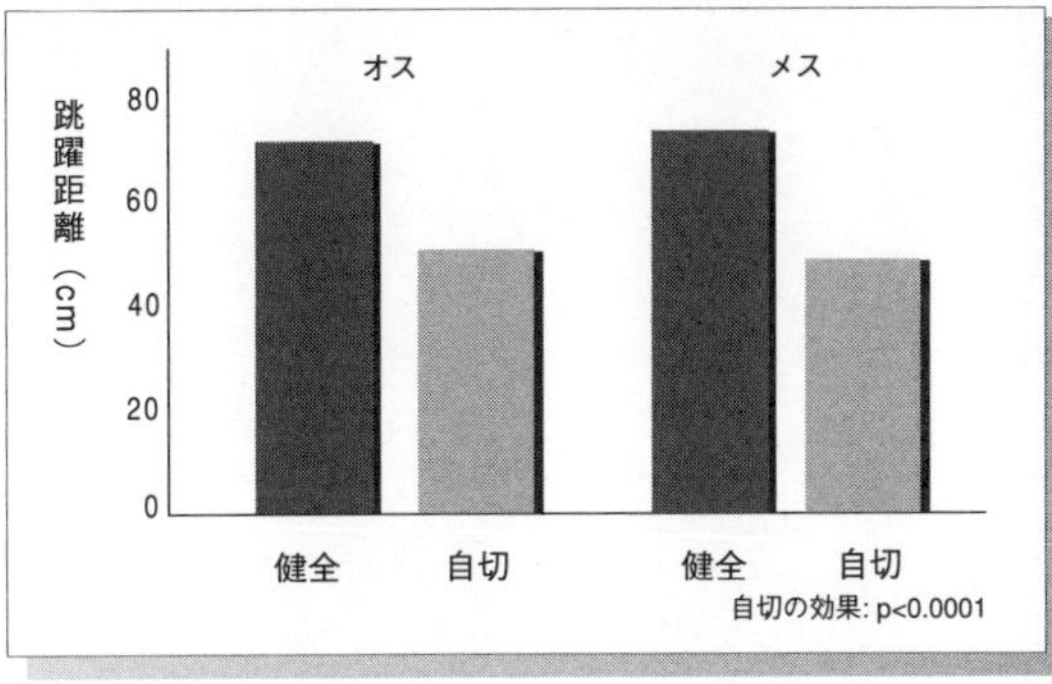

図5-9　健全個体と自切した個体の跳ぶ距離の比較。オス・メスにかかわらず自切すると跳躍距離がある程度落ちる（本間2007による）。

わずかだった。また跳躍時の角度補正の能力も健全個体とあまり変わらなかった。これを健全個体が角度補正に失敗した場合と比較すると興味深い。健全個体でもしばしば跳躍に失敗した。とくに地面を蹴るときに片足が滑ると、へんなねじれが生じてイナゴは回転しながらへんな格好で跳ねる。しかし、自切して片足しかないときにはねじれは生じなかった。あたかも片足であることを知っていて、跳ぶ前に予想されるねじれを補正済みという感じだった。単純に考えると、たとえば右後脚がなければ左後脚だけで跳ねるのだから、右方向へずれて跳ぶと予想されるが、実際にはほぼまっすぐにやや左にそれて跳んだ。どうやら跳ぶ前にきちんと跳ぶ方向を調整することができるようだ。この現象については現在、詳しい解析を行っているところだ。

イナゴは自切しても、うまくそれをカバーして跳ぶ能力を維持していた。もし自切以外の理由で脚にケガした場合には、ケガをうまくカバーできるだろうか？　野外にはごくまれに、後ろ脚のもっと先端部でケガをしたバッタがいる。こういうバッタは後ろ脚のかなりの部分が残っているので、あたかも両脚があるかのように跳ねる。しかし片脚しか力が入らないので跳ね方は実に不格好で効率が悪い。これならば片脚を自切したほうがずっとましだろう。ケガの程度だけで比較すれば、自切の方がずっと重傷なのだが、跳ぶ能力でみると自切の悪影響はごくわずかだった。やはり、自切は「予期されたケガ」でそれに対する補償措置が自然選択の結果、発達しているからだろう。

自切した脚が一本だけのときは以上のようにかなりうまく対処できていた。しかし後脚を二本とも自切させると、まったく跳べなくなりもはやイナゴとは呼べない存在になった。まったく跳べないので簡単に捕まえることができ、野外ではとても生きていけそうもない。野外に自切個体はかなりの割合で存在するが、二本とも自切した個体はほぼいないことはこの推定が正しいことを示唆している。

以上から、一本だけ自切しても跳ねる能力には大きな問題はないことが分かった。しかし跳ねさえできればよいというものではない。最大の問題は配偶だろうと目星をつけた。というのは、オスは交尾が終わったあとも長い間メスの上に乗っていわゆるおんぶ状態でメスを警護する。メスからみるとオスがおんぶしているのは迷惑なのか、しばしばオスを振り落とそうとする。このときオスは懸命にメスにしがみついて耐えるのだが、片脚がないとそれがむずかしそうだった。

そこで自切するかと、配偶しにくくなるかどうかを野外で調べた（表5-4）。自切オスが警護している割合は健全オスよりも有意に低く、やはり自切はオスにとって不利であることが分かった。メスでは自切しても配偶に不利ということはなかった。オスは常にあぶれていて、逆にメスは常に稀少なので、メスが自切しても配偶に不利とはならないのだ。すなわち、自切のコストはオスで大きく、メスで小さいことになる（ただしオスのおんぶがメスにとってコストとなる可能性は依然として残っている）。

この結果は新たな予測を生んだ。自切の適応度コストはオスで大きく、メスで小さい。さらに、一本自切するコストは二本自切するコストよりもはるかに小さい。ということは、オスはメスと比較してなかなか自切せず、かつ一本目の自切はまだしも、二本目の自切はなかなかしないことが予想される。この予想を調べてみた（図5-11）。

オスは自切するのにメスよりもずっと長く

表5-4　自切による配偶機会の比較

オス			メス		
	単独	配偶		単独	配偶
健全	93	120	健全	110	116
自切	24	9	自切	17	13
	p=0.0024			p=0.442	

健全個体と自切個体とで、単独でいた比率と交尾していた比率を比較した。オスは自切すると交尾率が下がるが、メスではそうではない（岡田未発表データによる）。

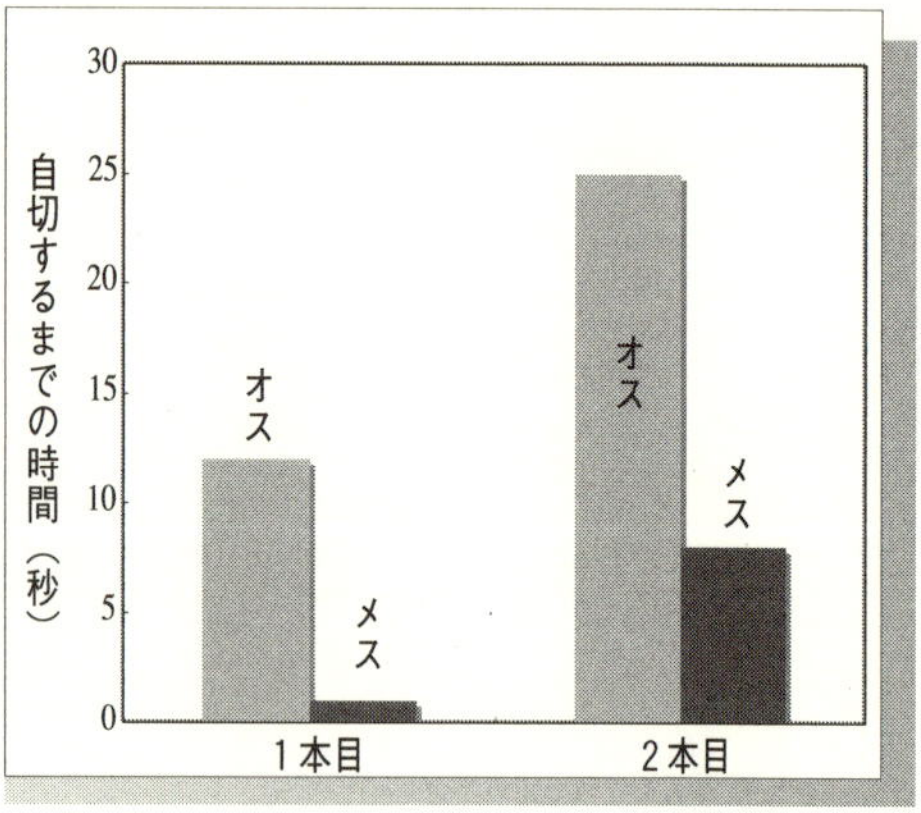

図5-10　自切をするまでにかかる時間の比較　自切するまでにかかった時間を、オス・メスそれぞれで1本目の自切と2本目の自切で比較した。オスはメスよりもずっと自切しにくい。さらに、オスもメスも2本目の自切は容易には行わない。自切の有無と性別はいずれもP<0.0001（生存時間分析）（本間2007を改変）。

時間がかかった。メスはあっさり自切するのに対して、オスはなかなか自切したがらない。二本目はさらに自切したがらなかった。この結果は、一本目に自切させる脚が右であれ左であれ変わらなかったので、いわゆる効き脚の左右性とは関係がない。まさに予想どおりだった。自然選択は細部にも宿るのだ。

自切はメスにとってはコストにならないのか？

メスにとって自切のコストとはなんだろうか？　卵を産むのはメスだけだから、イナゴの繁殖能力はメスがどれだけ卵を産むかで決まる。たとえオスにとって自切のコストが大きくても、それはイナゴ全体の繁殖力にはほとんど影響しない。したがって、自切がイナゴ全体に与える影響を評価するには、自切がメスに与える影響を調べなければならない。

そこで、二つの実験を行った。一つの実験は、自切のコストを自然状態で評価するもので、人為的に自切させたオス・メスをそれぞれ二五〇匹、自切させないオス・メスをそれぞれ二五〇匹、計一〇〇〇匹を野外に放し、その後に再捕獲して生存や繁殖について調べた。同様の実験をメスについても同時に行った。もう一つの実験では、自切の生理コストを野外網室で調べた。収穫が終わった田んぼに網室を設置し、そこに自切させた個体とさせない個体を同数導入し、生存率を比較した。この実験の場合、網室内には天敵がいないので、死ぬ理由は天敵以外となり自切の生理的コストを評価することができる。実験は、刈り取りが終わった滋賀県立大学の実験ほ場をお借りして行った。

さて生存率を調べてみると奇妙なことが分かった。行方不明の個体が続出したのだ。それも体の小さなオスではなく、体の大きなメスで行方不明がおきた。イナゴはかなり大きく目立つし、網室は狭いし、逃亡できないように厳重に囲っているので、見逃すとは考えられなかった。不思議に思い、それこそ草の根をかき分けて探してようやく分かった。メスの一部は、刈り取ったイネ株の奥深くじっと隠れていたのだった。しかも隠れた個体は自切個体だった（表5-5）。生存率を調べてみると、オスとメスで差がなかった。つまり自切には生理的コストは認められなかった。しかしメスでは自切するとイネの刈り株深く隠れてしまうので、採餌や産卵活動に支障をきたしている可能性が高かった。残念ながら、産卵については測定できなかった。産卵すると体重ががくんと下がるので、事前に体重を測ってあれば産卵したかどうかは分かったのだが、その準備をしていなかったのだ。自切すると産卵しにくくなるかどうかは現在、実験中である。

自切を引きおこすのはどんな鳥か？

イナゴの自切を引きおこす主犯が鳥であることは分かった。しかし野外で実際に自切を引きおこしているのはどの鳥なのかは依然として分からない。ウズラは実験室では確かに自切を引きおこしたが、京都ではウズラはほぼ絶滅状態で野外で観察されたことはない。したがって別の鳥が自切をおこしているはずだ。ウズラを使った実験の結果、ウズラは確かに自切を引きおこすが、イナゴを殺してしまうことが多いことが分かった。

イナゴの自切率は野外では最大で二〇%にも達する。しかもイナゴの個体数はとても多く、二枚の休耕田で五〇〇〇匹にも達する。しかもイナゴの生存率は高い。これらの条件を満たす鳥は、個体数が多く、

表5-5　コバネイナゴ、メス成虫の定位場所

定位場所	健全個体	片脚自切個体	両脚自切個体
イネの株の外	15	14	12
イネの株の内側	0	4	12

Fisher's exact test, P<0.002

メス成虫の定位場所を、健全、片脚自切、両脚自切処理した個体間で比較した（本間2007に基づく）。

自切を頻繁に引きおこし、しかしイナゴをあまり殺さない鳥と予想される。個体数が少なければそもそも自切率は高くならないし、イナゴを高い確率で殺しても自切率が高くならないのだ。

そこでまずどんな鳥が自切を引きおこしうるのかを、野鳥を使って調べることにした。野外観察はきわめて困難だったので、京都市野生鳥獣救護センターの協力を得て、院生の鶴井香織さんが捕食行動を詳細に観察した。同センターには、ケガをした野生鳥獣がやってくる。ケガの人は、ケガの手当をして野生復帰させるために努力していた。ケガが治った鳥は、自力で餌を採り野外で生きていける能力が回復するまで、リハビリ訓練を受ける。この訓練にイナゴは役立った。多くの野鳥は虫が大好きなので、同センターでもコオロギの一種を餌としていた。しかし野鳥は結構グルメで、同じ餌ばかりでは飽きるらしい。イナゴは格好の餌となった。実験をしたときに、同センターでリハビリ中だった鳥は、大きなものから、トビ、カラス、小さなものではメジロまでさまざまだった。これらにイナゴを与えてどのように襲うのか、自切を引きおこすのかについて調べた。

結果の一部を表5-6にまとめた。

トビやカラスといった大型の鳥は、たくましい脚でイナゴをわしづかみして食べた。イナゴはかわいそうなことにばらばらにされて死んでしまい、自切はおきなかった（ただし、一例だけ自切が生じたが、そのイナゴは死んでしまった）。一方、スズメやメジロといったごく小さな鳥は、イナゴを襲おうとしたがまったく歯が立たず、イナゴを殺すことも自切を引きおこすこともできなかった。体は大きくても、ハトのような完全ベジタリアンの鳥はイナゴになんの興味も示さなかった。結局、自切を引きおこしたのはすべて小型から中型の鳥だった。このクラスの鳥では、体が大きいほどイナゴが死

表5-6　バッタ類の自切を引きおこす鳥類（地上採餌する鳥についての結果）

被食者のサイズ：小 ←――――――――――――→ 大

くちばしの長さ	鳥の種類	ハラヒシバッタ	コオロギ中・幼虫	コオロギ大・幼虫	コオロギ成虫	コバネイナゴ	トノサマバッタ	捕食のしかた
短	スズメ	○		○	○	−	×	つつき
↑	セキレイ類		○	○★	○★	○★	×	つつき
	ハイバネツグミ		○	○		−	×	つつき
	ムクドリ	○	○	○	○★	○	○	つつき
	トビ		○	○	○		○	脚でつかむ
↓	ハシボソガラス		○	○	○	○★		脚でつかむ
長	ハシブトガラス		○		○			脚でつかむ

地上で採餌する鳥について、バッタ類の自切を引きおこすかどうかを調べた。○は捕食に成功したこと、★は自切を引きおこしたことを意味する。このほか多数の鳥について調べた（鶴井未発表による）。

セグロセキレイ　野外でバッタの自切を引きおこす主犯と考えられる（写真提供：西村雄二）。

ぬ確率が高くなった。セグロセキレイやホオジロは、しばしば自切を引きおこしたが、イナゴを殺すことはめったになかった。殺さないだけではなく、自切させた脚をよく食べていた。イナゴの後脚は長くて、しかも脛《すね》に棘が生えている。そのため簡単には食べることはできず、かなりの時間をかけて分解し、腿の部分だけを飲みこんでいた。

野外の鳥相

自切を引きおこす鳥は、調査地に実際に生息する鳥でなければならない。自切の主犯を突きとめるため季節を追って鳥相を調べた。昆虫の研究者にとって野鳥の識別はむずかしいことがある。昆虫の場合、識別が困難な種であっても捕まえてじっくりと観察すれば、種名が分かることが多い。これに対して野鳥の場合には人が近づくとあっという間に視野から遠ざかってしまうことも多い。断片的な視覚情報から正確に鳥の種名を突きとめるには、野鳥についての幅広い知見が必要だった。幸いなことに野外調査を担当した院生の鶴井さんはもともと野鳥マニアであり、鳥相調査にぴったりだった。さらに調査地の岩倉村松では熱心な愛鳥家が頻繁に観察をしていたので、その方たちから

モズ　イナゴをよく狩り、イナゴの天敵だが、野外では個体数が少ない（写真提供：西村雄二）。

さまざまな情報を得ることもできた。

イナゴの成虫が出現する八月上旬から十一月下旬にかけてはホオジロ、セグロセキレイそしてモズがいた。この結果を、実験室でのイナゴ捕食実験の結果と比較すると、セグロセキレイとホオジロの二種が自切の主犯である可能性が高いことが分かった。この二種はイナゴ本体を食べるのはではなく、自切させた後脚をもっぱら食べていた。イナゴの本体は彼らには大きすぎて飲みこむことはできない。このことから考えると、自切はイナゴにとっては捕食回避の手段だが、セキレイやホオジロにとってはむしろ自切を利用してイナゴの後脚を食べるのが効率的な採餌といえるかもしれない。

自切は単なる捕食の失敗とはみなせない可能性もでてきた。モズは生息していたが、わずか二羽にすぎず、また高い確率でイナゴを殺すので、自切の主犯にはなりえないと判断できた。モズにとってイナゴは重要な餌だが、イナゴにとってはモズは危険だが個体数が少ないので捕食リスクは少ない鳥といえる。

ホオジロ　野外ではホオジロもバッタの自切をおこす主犯と考えられる（写真提供：西村雄二）。

イナゴを食べるチョウゲンボウ　チョウゲンボウは小型のハヤブサで、ショウリョウバッタなど大型のバッタを食べる。脚で強く握って食べるので、イナゴは確実に死亡し、自切はおきない（写真提供：西村雄二）。

みつからないための工夫 ― 隠蔽色と紋の効果 ―

捕食されない最適な方法はなにか

前にも述べたが、捕食者に捕まってから逃げるのはまずいやり方で、できればもっと初期の段階で逃げるのがよい。できれば、捕食者にみつからないのがいちばんだ。

捕食者はさまざまな方法で被食者を感知するが、ここでは鳥を想定して、視覚で被食者をみつける場合を考えよう。被食者をみつけるとは、被食者の輪郭を背景から浮かび上がらせることだ。したがって、背景に似ていれば似ているほど、発見はむずかしくなる。もう一つの発見の方法は、被食者の動きを感知することだ。どれほど背景に似ている生物でも、動けば簡単にみつかってしまう。したがって、被食者の体色が背景に似ていれば似ているほど、動かなければ動かないほど、みつかりにくいということになる。もし捕食者にみつからないことが究極の目標ならば事は簡単だ。

しかし、自然選択を生き延びるものは、生き延びていちばん多く子孫を残すものなのだ。生物は動かなければ、餌を採ることも、配偶することも、卵を産むこともできない。味のよい被食者はなんらかの方法で捕食者にみつかりにくくする必要がある。この意味で、自然選択の結果実現するのは、背景そっくりでほとんど動かないという性質を一方の極とし、背景そっくりではないがよく動き、動きをとめるとみつけにくいという性質を他方の極とする一連の連続帯になるだろう。被食者の生活様式と捕食者の餌探索の方法との兼ね合いで、捕食回避の方法はさまざまに変わると予想される。

人は、木の葉そっくりのコノハムシやコノハチョウをテレビでみるたびに、背景そっくりのできばえに感心する。しかしわれわれの周囲に現実にいる昆虫は、そこそこ背景に似てはいるがとても完璧ではない。どうしてこのような違いがあるのだろうか？　その違いは、自然選択で説明がつくのだろうか？　というのが普通の人の疑問だろう。

私の考えは少し違った。それは子ども時代の体験によっている。子どもの頃、朝から晩まで昆虫採集に熱中していた。とくにイネ科雑草の茂る草原で、キリギリスを採るのが好きだった。キリギリスは葉に停まってギーィ・チョンと大きな声で鳴く。気づかれないように静かに一歩一歩慎重に近づく。目と鼻の先から鳴き声が聞こえるのに、なぜかなかなかみつからない。そうやってじっとみていると、視野の中に突然キリギリスの姿が浮かび上がるのだ。物をみるというのは単なる受動的なものでなく、網膜に映った映像を意味に変換するという能動的な過程なのだということが実感できる瞬間だった。

さて問題となるのは、いったんみつけてしまうとキリギリスはそれほど背景に似ているわけでもない。それにもかかわらず、緑色と褐色に縁取られたその体を背景からみつけ出すのは至難の技なのだ。少年時代のこの疑問は、大人になってもそのまま残っていた。

捕食回避の研究をはじめたときにこの疑問がよみがえってきた。昆虫の体色は単に背景に似ているだけでなく、捕食者の視覚認知システムの弱点につけこむのではないだろうか？　つまりひとたびキリギリスの体の一部、たとえば褐色の翅を枯れたイネの葉の一部として認識してしまうと、キリギリスの体の輪郭をひとまとまりのものとして認知できなくなる。被食者からみると背景は常に一定ではない。背景が変われば、たとえある特定の背景にとりわけ似ているとしても、その利点はすぐに失われてしまう。背景が多少変わったとしても安定的に

背景にまぎれたハラヒシバッタ

目立たないための工夫、それが多くの被食者の体色を読み解くうえで役立つのではないだろうか？　こんなアイデアを漠然と考えているところで、院生の鶴井香織さんがヒシバッタの色斑多型に興味をもち研究をはじめた。

ヒシバッタ類の色斑多型

古くからヒシバッタには著しい色彩や斑紋《はんもん》の多型（以下、色斑多型と略）があることが知られる。詳しい昆虫図鑑をみると確かに同じ種とは思えないくらい、さまざまな色斑がある。さまざまな色斑をもつ個体をみているうちにいくつか特徴があることに気づく。一つは、地色となる細かな斑紋だ。これはいわゆるリアリズムで、砂粒や土、あるいは湿って藻類が生えて緑がかった土にそっくりだ。色は灰褐色から暗緑褐色までおよそ砂や土に似ている。これに対して、大型の斑紋は、白か黒のことが多く、褐色の土とは対照的なことが多い。体を塗り分けるような体色は分断色と呼ばれ、さまざまな生物で知られる。ヒシバッタの大きな斑紋は分断色と思われる。

分断色には、捕食者からの発見を困難にする機能があると古くから

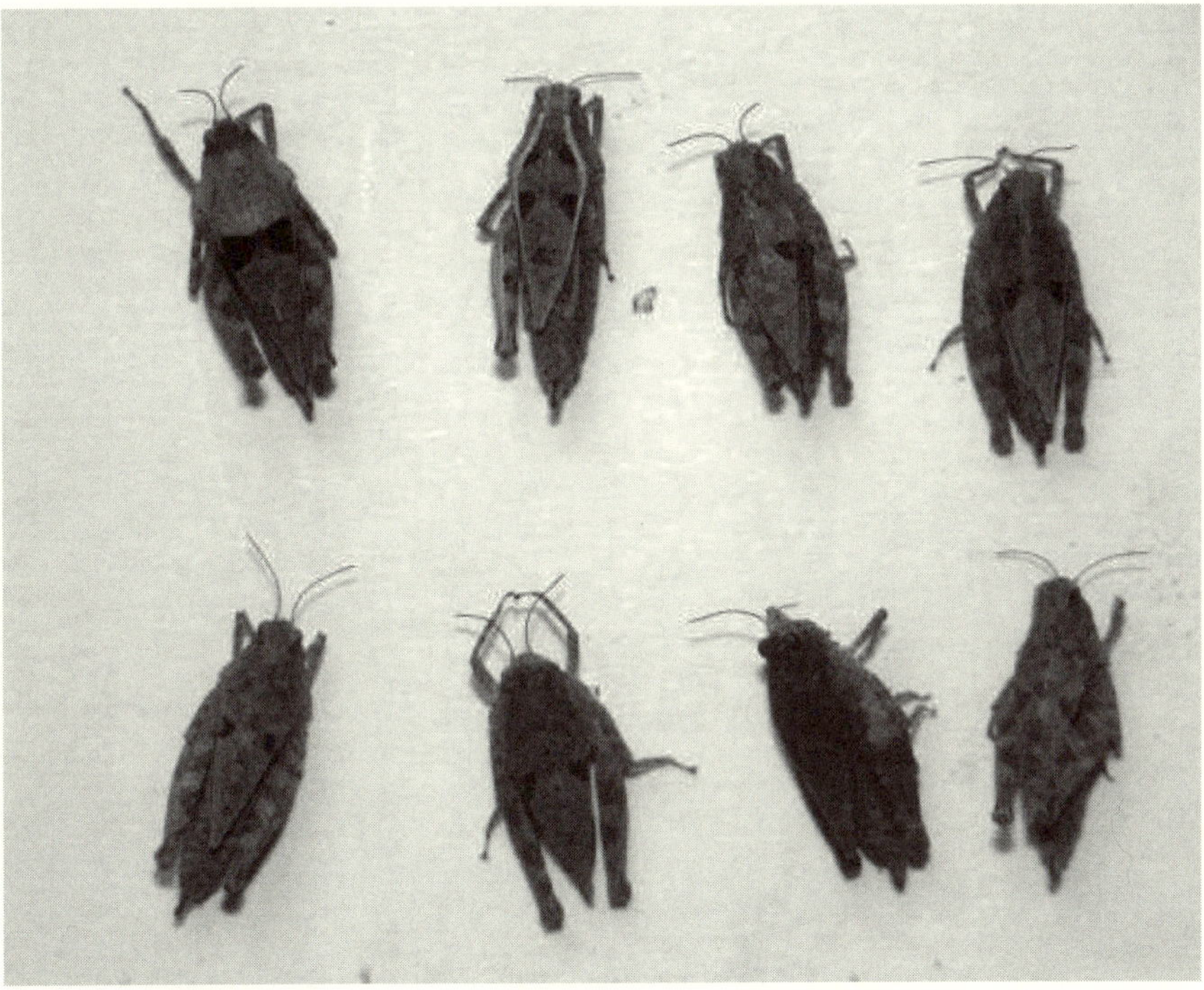

ヒシバッタ類にみられる色斑多型の例（写真提供：鶴井香織）

信じられてきた。しかし根拠は、ごく最近までなかった。

根拠が検証されたのは実に二〇〇五年に入ってからで、この研究をはじめた最中だった。先をこされたのは残念だったが、世界にはわれわれと同じような発想で研究している見知らぬ同士がいることが分かったのは収穫だった。彼らの研究によれば、分断色には輪郭検出を妨げる機能があり、その機能は背景にかかわらず普遍だという（Cuthill et al. 2005）。彼らは分断色の研究を、幾何学模様の人工的なガのダミーと、幾何学模様の背景を使って研究していた。われわれはこの幾何学模様に違和感を覚えた。幾何学模様を使うことには理由があり、鳥の学習経験や生まれながらにもっている認知能力の偏りの影響を受けにくいというのがその理由だ。確かに一理あるが、幾何学模様は実に不自然なのだ。幾何学模様を使って得られた結論は自然界で本当に通用するだろうか？　院生の鶴井さんとともに実験を試みた。

分断色の効果を確かめる

こうした疑問をもってまず検証を試みたのは、分断色の効果が背景に依存することを示すことだった。はじめに実験のデザインを考えた。

捕食者に鳥を使うのは最初にあきらめた。必要な数の人によく慣れた野鳥を手に入れるのが困難だったたし、野鳥はおなかの空きぐあいや気分によって食い気が大きく変わってしまうのだ。さらに学習による影響を避けるには違う個体を使わねばならず、鳥の飼育施設だけで膨大になってしまう。そこで、発想を大胆に変えてヒトをダミー捕食者とみなした。

鳥とヒトは視覚も違うだろうと思うかもしれないが、隠蔽《いんぺい》色についてはそうでもない。実は昆虫食のシジュウカラとヒトの視覚は機能的によく似ていることが最近になって確認されている。色の認知に使われる細胞の種類や、脳での情報統合の仕方もおそらく大きく違うはずだが、背景にまぎれた生物を色によって探し出すという共通の自然選択圧がよく似た機能をもたらしたのだろう。これに加えて、人間はこうしたゲーム的実験に熱中し、鳥のように空腹度に左右されることもない。そのうえ、鳥と並んでサルも色覚を利用した代表的捕食者である。このような事情から最近では、本物の鳥を使うよりもヒトを捕食者のダミーとするほうがよいと考える研究者も現れはじめた。こうした利点を重視して、ヒトを使って実験することにした。

ヒトを被験者として実験するときにいちばん大切なのは、実験の意図を悟られないようにすることである。ヒトは敏感に実験の意図を察知し、場合によっては無意識に実験の意図に迎合してしまう。こうした事態を避けるため、まず第一に実験の意図を知らないヒトを選んだ。生態学の知識のない学生に別の実験意図（採餌能力を調べる）を教えて、実験した。予想どおり、被験者はなんの報酬もないのにゲーム的実験を熱心に行った。

ハラヒシバッタの代表的生息地、砂地が多いところと草が多いところからそれぞれハラヒシバッタを採集した。採集するときに、体の斑紋や色の違いでみつかりやすさが違っては困るので、網でランダムにすくった。捕まえたバッタは、草地由来と砂地由来からそれぞれ一匹ずつ選んでペアにした。ペアを同じ草地、砂地にそれぞれランダムに配置して、写真を撮った。こうして多数の写真を作成した（177～184ページ写真参照）。この写真をヒトに提示して、体の斑紋型や虫の生息場所の違いがみつかりやすさにどのように影響するかを調べた。

図5-11に結果を示した。本来の微小生息場所では、分断色のほうが単色の個体よりもみつかりにくかった。しかし、背景を異なる微小生

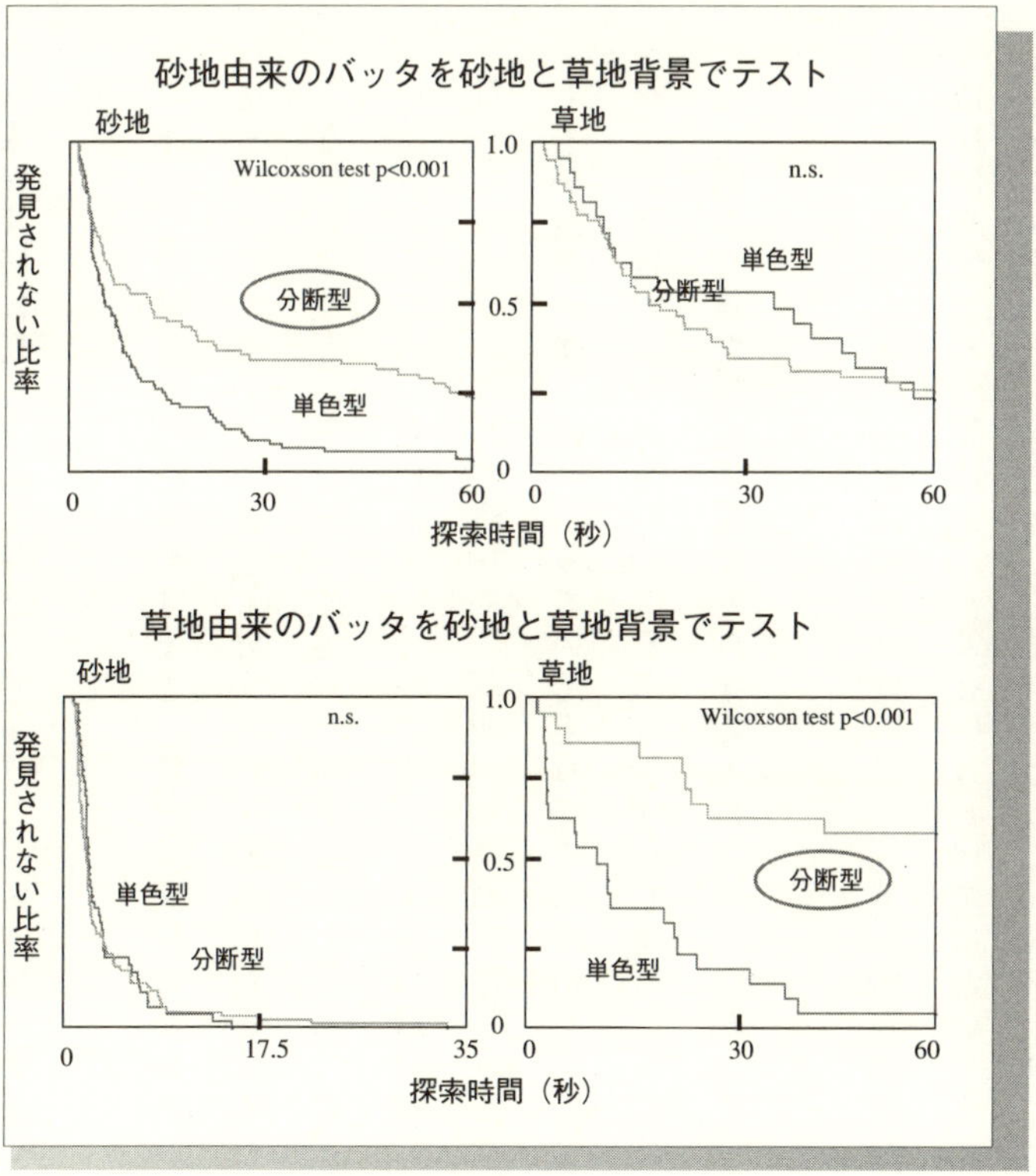

図5-11　生息地と背景による分断紋の効果　砂地に生息しているハラヒシバッタの分断紋をもつ型（分断型）ともたない型（単色型）を、砂地背景（上）と草地背景（下）に配置して、ヒトが発見するまでの時間を記録した。本来の生息地である砂地では、分断紋は高い隠蔽効果をもつが、その効果は草地では消えた（鶴井未発表による）。

息場所に入れ替えると分断色の効果は劇的に失われた。このことから分断色には捕食者からみつかりにくくする効果が確かにあるが、その効果は実際に棲んでいる微小生息場所でのみ発揮されることが分かった。

また、草地と砂地を比較すると、体色や斑紋にかかわりなく砂地のほうがみつかりやすいことも分かった。砂地の背景は小石と砂にわずかな枯れ草などからなる。砂地のバッタはみた目には背景によく似ていた。しかしみた目にはそっくりでも、ヒトの目は簡単にバッタを発見してしまう。これに対して、草地の背景は、さまざまな形と色の草と土が複雑に絡みあい、みていると目がくらくらしてくる。そのため か草地背景でバッタをみつけるのはむずかしく、さらに徒労感が残った。脳が複雑な視覚情報を処理するのにコストを払っている証拠だろう。

実験結果をみて不思議に思ったのは、発見が困難だった虫の体色や斑紋は必ずしも背景にそっくりというわけではないことだった。むしろ、体の斑紋を小石や影と見誤ったために、バッタの体全体の輪郭が検出できない場合がほとんどだった。そのためいったん発見した直後

ハラヒシバッタの斑紋は、地色となる灰褐色から暗緑褐色まで砂や土に似た細かい斑紋と、白か黒の大きな斑紋からなっている（写真提供：築地琢郎）。

砂地にまぎれたハラヒシバッタそれぞれの写真には、草地で捕まえたヒシバッタと、砂地で捕まえたヒシバッタが1匹ずつ隠れいている。それぞれ、どこにいるか、探してみてほしい（写真提供：鶴井香織）。（→答えは182ページ）

1

2

3

4

5

6

草地にまぎれたハラヒシバッタ
それぞれの写真には、草地で捕まえたヒシバッタと、砂地で捕まえたヒシバッタが1匹ずつ隠れいている。それぞれ、どこにいるか、探してみてほしい（写真提供：鶴井香織）。（→答えは183ページ）

7

8

9

10

11

12

4

1

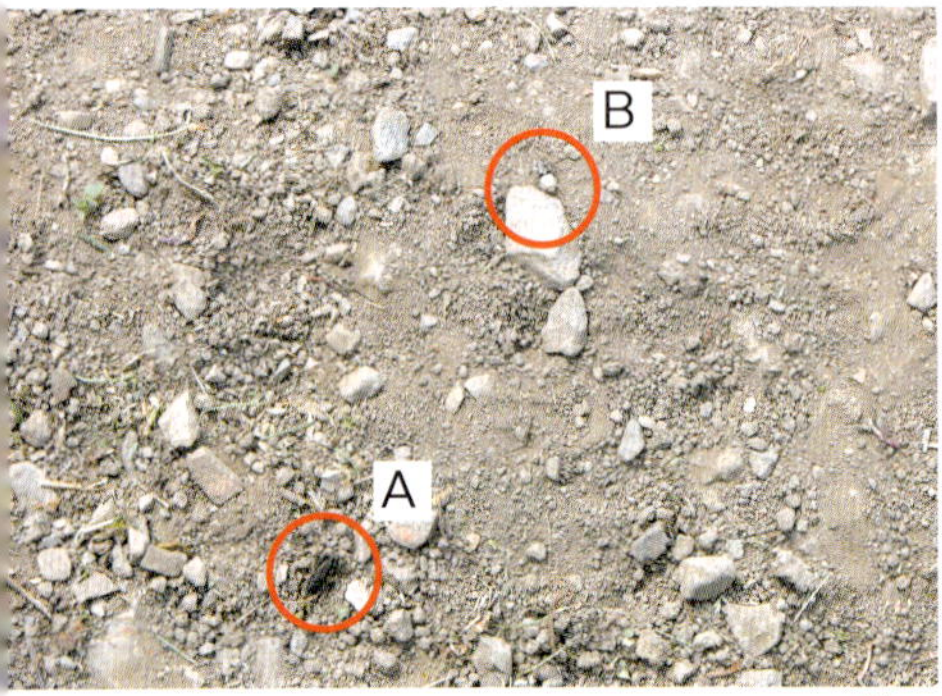

5

2

6

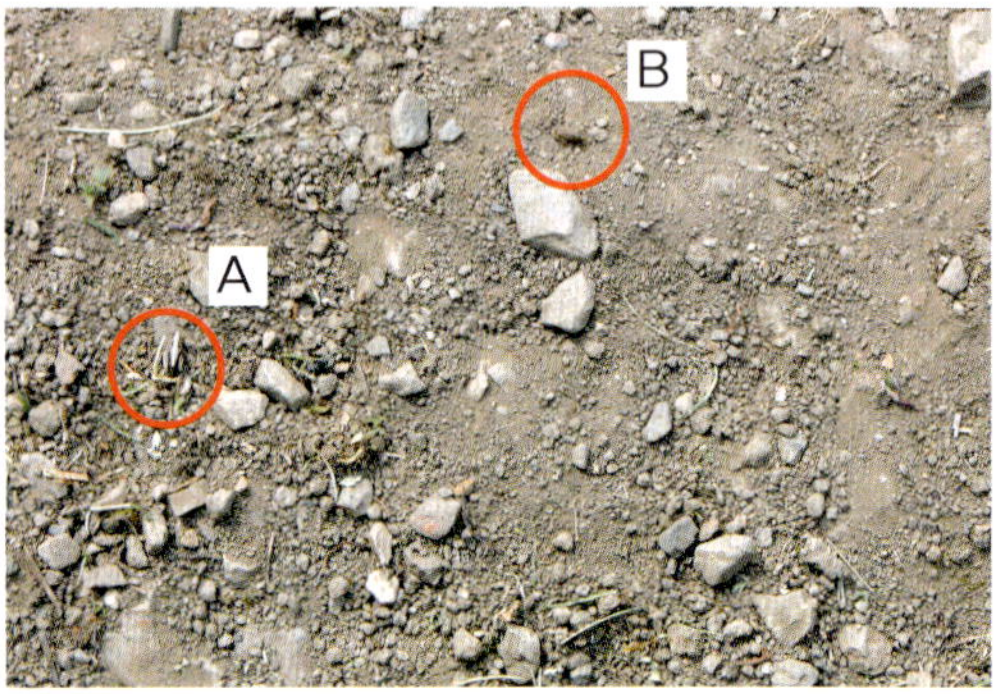

3

178～179ページの答え　A：草地由来のヒシバッタ、
B：砂地由来のヒシバッタ（写真提供：鶴井香織）

10

7

11

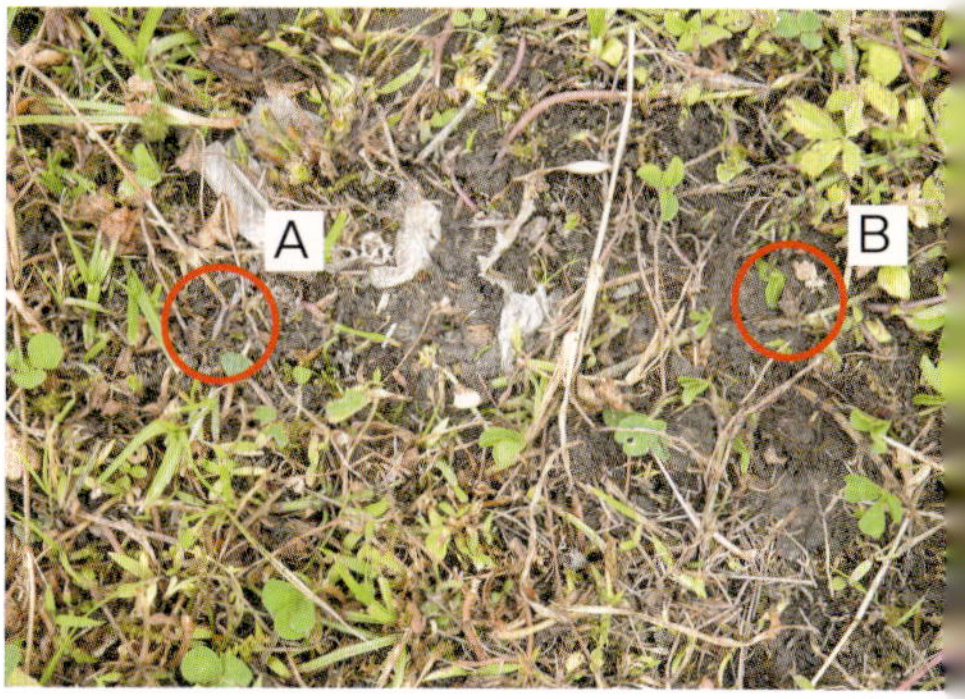

8

12

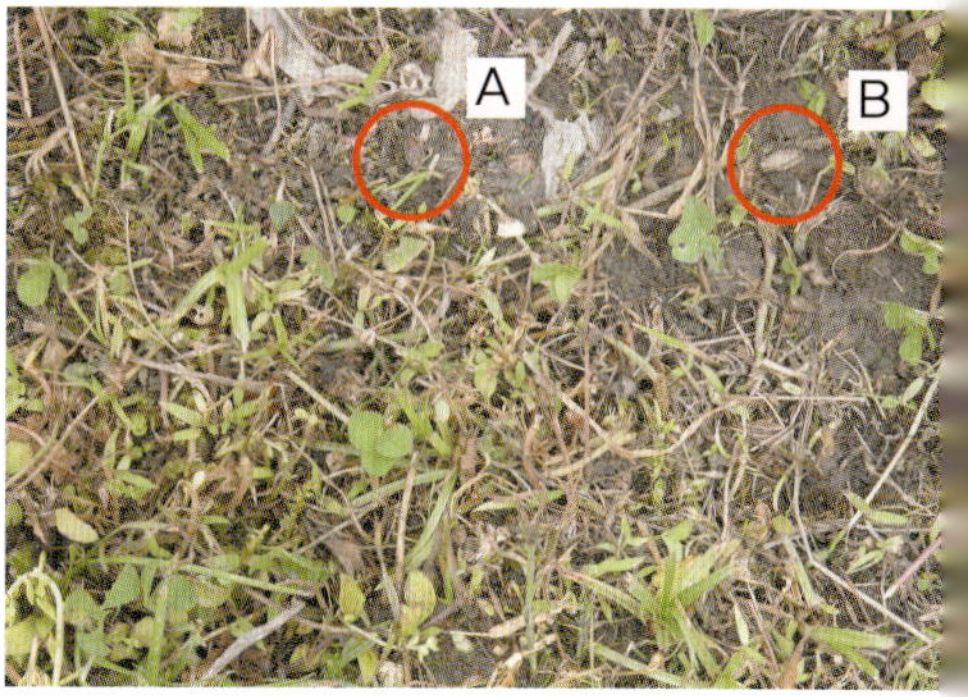

9

180～181ページの答え　A：草地由来のヒシバッタ、
B：砂地由来のヒシバッタ（写真提供：鶴井香織）

ハネナガヒシバッタ　体のサイズはハラヒシバッタとトゲヒシバッタの中間くらい。水が常時ない攪乱された場所に生息している（写真提供：築地琢郎）。

にみると、なぜ発見できなかったのだろうと不思議に思うほどだった。しかし少し時間をおいてからもう一度実験すると、やはりなかなか発見できなかった。学習の効果はほとんどなかった。

従来の研究では、生物の体色や斑紋が背景の色環境のランダムサンプルに等しいときにもっとも隠蔽効果が高いとみなされてきた。これは直感的に理解できる。背景からバッタの形にとった色サンプルが、バッタにそっくりならば発見は確かにむずかしいだろう。しかし、背景のランダムサンプルに近いのはむしろ単色型で、分断型は背景と似ているとは思えなかった。そこで、バッタの体色と背景色がどの程度似ているかを調べてみた。

実は色を正確に測定するのはけっこうむずかしい。とくにごく狭い面積の色を測るのはむずかしかった。ヒシバッタの体は幅がほんの数ミリしかない。研究室にある分光色彩色差計では測定がむずかしく困っていたところ、色彩測定機器の代表的メーカーである日本電色（株）の外村憲治さんがみかねてデモ用の最新機種を使わせていただけることになった。測定の結果、バッタや背景の色の違いの大部分は明度（白黒の明るさの違い）で代表されることが分かった。色は莫大な情報

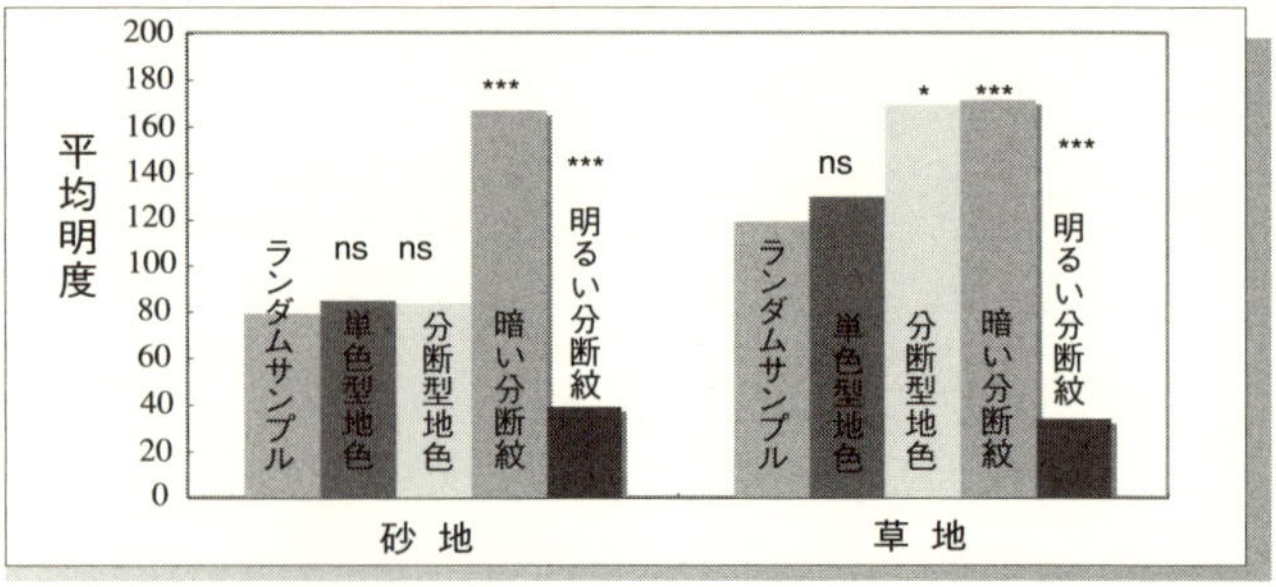

図5-12　単色型および分断型バッタの体色（ここでは明度）と、生息場所のランダムサンプル明度との比較　単色型では地色のみ、分断型では地色と分断紋（暗い分断紋と明るい分断紋）を比較に使った。左は砂地、右は草地での結果を示す（鶴井未発表データに基づく）。

を含み解析するのはたいへんだが、明度は明るさの違いだけなので簡単に解析できる。この結果に基づいて、背景とバッタの体の明度を比較した。

図5-12に結果を示す。砂地では単色型バッタの体の明度は背景によく似ていた。これに対して、分断型バッタでは地色は背景の明度に似ていたが、分断紋は背景よりもずっと明るいか、逆に暗かった。その結果、平均明度で比較すると体色は背景よりも明るいか暗いかのいずれかだった。やはり直感は正しく、単色型のほうが分断型よりも背景の明度に近いのだ。それではなぜ分断型のほうが目立たないのだろうか？

紋の配置をよく調べてみると、白い紋と黒い紋が必ず隣りあって配置されていることが分かる。そして、白っぽいものは白い小石に、黒っぽいものは小石のつくる影とほぼ同じ明度だった。そのために、白黒の分断紋が並んでいるとまるで、白い小石に光があたって影ができているようにみえるのだ。いったんそのようにみえてしまうと、もはやバッタの輪郭を検出するのはとてもむずかしかった。これに対して、背景にとてもよく似ている単色型の個体であっても被験者は簡単に発見できた。光がさしているときには、光源の反対側に必ず影ができる。影は体の輪郭に対応する形で形成されるので、影の形を手がかりにバッタの体を検出するのは簡単なのかもしれない。

実験の結果は以下のように解釈できる。鳥やヒトのような視覚にすぐれた捕食者は、非常に鋭敏な餌検出能力を備えている。しかし個々の被験者に尋ねたところ、特定の検出方法を用いてバッタを意図的に検出しているわけではないことが分かった。つまり検出の過程は脳内で自動的に行われているわけだ。おそらく、触角や脚といった付属脚の存在や影などを頼りにバッタの輪郭を検出しているのだろう。そのときに、バッタの分断紋を小石とその影とカテゴリー化して認知してしまうと、その認知を白紙に戻して新たにバッタの輪郭全体を別のものとして認知することは非常に困難になるようだ。

このようなゲーム的実験をすると人間はむきになるようで、制限時間内に検出できなかったバッタを必死になって探そうとする。そうしているうちに突然、「いた」と叫ぶ。私自身の経験から言えば、それまでバッタの形をしていなかった背景部分がいきなり、背景から浮き出してバッタの輪郭をとるのだ。餌をみつけるというのは、相当に高度な視覚情報処理の結果なのだ。

分断色が背景に強く依存するわけ

ハラヒシバッタには非常に多様な色斑多型がある。図鑑などで多様な色彩や斑紋が同じ種にあるのをみると、その多様性に適応的な意義が本当にあるのだろうかと疑問に思うことがある。実際、多くの昆虫愛好家や生物学者は単なる偶然とみなす場合が多い。理論的には、著しい多型が維持される理由は二つ考えられている。一つはどの型でも適応度は同じという理由で、もう一つは特定の型は特定の環境で有利となるからという理由である。われわれの研究の結果、ハラヒシバッタではそれぞれの型はそれぞれの生息環境で有利なので、多型が維持されていることが示唆された。それではなぜ特定の分断紋が特定の背景でみつかりにくいのかを考えてみよう。

砂地にいるバッタの分断紋は丸か四角で、色は黒か白である。したがってヒトの目からみると小石とその影にみえる。これに対して、草地にいるバッタの分断紋は多くの場合、細長くて白っぽい。この分断紋のせいで、体が縦に細長く分割してみえ、白い分断紋は枯れたイネ科の葉や茎にみえる。そのためバッタ全体の輪郭は消えて目にみえなくなってしまうのだろう。

背景にいかに似ていても、輪郭を消さない限り視覚にすぐれた捕食者の目を逃れるのはむずかしい。分断紋は、特定の背景なしでみるとその効果が理解できないが、特定の背景のもとでは非常にすぐれた効果を発揮するようだ。その効果には、捕食者がひとたびあるものを認知してしまうと、それを別なものとして認知し直すのがとてもむずかしいという原理があると思われる。

6章 捕食回避の生態学的意義

これまでに捕食者の存在が被食者の捕食回避策を通じて大きな影響を与えることが明らかとなった。ただし研究の究極の目的は、こうしたプロセスを通じて捕食者が被食者の数の変動を制御することを示すことだった。この文脈から判断すると、目的を達したのはカイガラムシが潜って寄生を回避することで捕食者―被食者系が安定することを示した研究だけだった。後の研究では、そこまでは言えなかった。いろいろ考えてみたが、現在では捕食回避が単独で系の安定をもたらすというのはちょっと過剰な期待だったと思っている。

不思議なことだが、生態学者はある特定の要因が生物の数の変動と安定を制御していると考えがちだ。しかし、捕食回避の研究を通じてみえてきた実像は、捕食者が存在することで被食者はコストのかかる捕食回避手段をとり、その結果、増殖能力を抑えられているというものだった。

いったんなんらかの理由で、被食者が大発生してしまうと特定の捕食者が大食して被食者を減らすことはなかなかないようだ。どうやらここには、捕食者と被食者の世代時間の長さが影響しているらしい。

被食者よりも世代時間が短く世代数が多い寄生蜂は、機動的にカイガラムシの数を抑えた。一方、被食者よりも世代時間が長く世代数も少ない熱帯のホシカメムシにはそんな能力はなさそうだった。

捕食者が存在することで、被食者は増殖能力を発揮できず普段は、ごく低い密度を保っている。通常はこんな状態がずっと続いているのだろう。したがって、捕食者は被食者の大発生を防ぐ役割だけを担っているみたいだ。ひとたび被食者が大発生してしまえば、普段は重要でない寄生者や病気などが大発生を終焉に導いているのかもしれない。そんなふうに考えるようになってきた。

以上のように、捕食者が存在すること自体が被食者にコストのかかる防衛手段を発動させ、その結果、被食者の個体数が制御されるという当初のアイデアは、半分だけあてはまりそうなことが分かってきた。その意味では、研究は成功というわけにはいかないようだ。

重要なことは表面から隠れている?

研究の途中から新たに出てきたアイデアは、食物網と捕食―被食相互作用とは大きく違うというものだ。被食者は、潜在的にリスクの高い捕食者に対してのみコストのかかる防衛手段をとる。その結果、捕食者の胃袋の中にはその被食者はわずかしか存在せず、餌としては重要でなくなる。捕食者の餌メニューを調べる生態学者は、この現象をみてその被食者は餌として重要でないという結論を下すだろう。つまり捕食—被食相互作用にかかわるエネルギーの流れは、大半は目にみえず消えている可能性が高い。

相互作用というものは本当にとらえどころのないものだ。しかし、人間にあてはめて考えてみると意外に理解可能なものだ。たとえば、お互いにとても仲の悪い人同士は、いつもいがみ合いの喧嘩をしているだろうか？　それは安手のテレビドラマの中にだけある世界ではないだろうか？　わざわざ派手に喧嘩するくらいならば、喧嘩がおきないように互いに避けるほうが普通だろう。もし避け方が合理的で洗練されているならば、表面的には何も生じないだろう。

われわれが普段、自然界でみている相互作用もきっと同じような仕組みで生じているのだ。派手な闘争行動、血なまぐさい捕食シーン、それらは目立つがゆえに重要なものだとみなされる。しかし、本当に重要なことは音も立てず、中枢神経の発達した動物ならば脳内の仮想現実としてのみ現れては消えてゆくのではないだろうか？　生態学者はいわば、名探偵のように「本来あるべきものがない」ことを状況証拠として、失われた潜在的な相互作用を突きとめるのだ。そこに、生態学という学問のもつ醍醐味があると思っている。

あとがき

本屋で本を選ぶときに、私はよく「あとがき」をみる。その本についてのエッセンスが「あとがき」にあるような気がするからである。この本では、天敵と被食者のあいだに働いている自然のバランスについて述べた。鍵となる考え方は、捕食の危険にさらされている生物は、なんとかして捕食をまぬがれるように懸命に努力するだろう、その結果うまく捕食をまぬがれたとしてもそのためのコストはかなり大きいのではないかというものだ。もしこの考えが正しいとすると、天敵が殺した個体数によって天敵の効果を測ってきたこれまでの生態学の方法には大きな欠陥があることになる。はたして読者は、この考えに納得されただろうか？

現代の日本人がどんな理由で死ぬのかを考えてみる。たぶん死亡要因のトップはがんだろう。私が子どものころは、がんよりも脳卒中で亡くなる人がずっと多かった。マスコミでは「がんが急増」みたいな記事をよく目にする。しかしがんが増えた最大の理由は、日本人が長生きになりほかの病気で死ににくくなったことの結果にすぎない。その背景には、経済的に豊かになり栄養や衛生状態が改善されたこと、塩分の高い食事を避けるようになったこと、医学の発達で結核などの感染病をおさえることができるようになったことがある。

健康増進のために投資された社会的費用と努力は相当なものだろう。その結果、かつて重要だった結核などの病気は今ではむしろめずらしいものになっている。私は、現時点でみられる生物の死亡要因の多くは、いわば現在の人間にとってのがんみたいなものと考えている。かつて本当に重要だった死亡要因は、被食者の努力（自然選択）によって目に見えにくくなっているのだ。この本では、こうした目にみえない効果を、なんとかして目にみえるように試みた過程について記してある。

日本で出版される科学書を読むと、その多くでは海外の著名な研究者のアイデアか、あるいはそれに基づいて研究した成果について解説されている例が多い。それを避けるためにこの本では、私自身と共同研究者が自分で考えて行った研究だけについて書いた。野外で生物をみていて思いついたアイデアに基づいて研究をしてきたので、研究の独自性についてだけは保証できる。その反面、独善的なところもあるとは思うが、読者は研究者があれこれ試行錯誤しながら真理に迫ろうとする過程を楽しんでほしい。この本で紹介した研究の多くは、当時大学院生だった松本崇君、岡田洋介君、岸茂樹君、本間淳君、鶴井香織さんらとの共同研究である。彼らの協力に深く感謝したい。

この本を書く過程で多くの人のお世話になった。所属する京都大学農学研究科昆虫生態学研究室に在籍された、あるいは現在在籍されている、久野英二、大崎直太、藤崎憲治、市岡孝朗、奥慎太郎、高倉耕一、松浦健二の各氏等には、議論を通じてさまざまなアドバイスをいただいた。インドネシアで行った海外調査では、中村浩二、片倉晴雄、中野進、伊藤文紀、沢田裕一各氏等にたいへんお世話になった。また、日本電色（株）の外村憲治さんには研究機材の利用等で便宜をはかっていただき、西村雄二氏には野鳥の写真を、築地琢郎氏、石井誠氏には昆虫の写真を提供していただいた。妻は草稿を読んであれこれ助言してくれ、わが家のネコはトカゲを狩ることで、捕食と捕食回避について教えてくれた。最後に、本書を完成するにあたっては八坂書房の中居恵子さんにお世話になった。おわびとともに深く感謝したい。

文献一覧

●直接引用した文献

Cuthill, I. C., Stevens, M., Sheppard, J., Maddocks, T., Párraga, C. A. & Troscianko, T. S. (2005) Disruptive coloration and background pattarn matching. *Nature* 434; 72-74.

桐谷圭治（一九八六）群集の撹乱と再安定一五七-一七九ページ（桐谷圭治編）『日本の昆虫—侵略と攪乱の生態学』東海大学出版会

Kishi,S. & T. Nishida (2008) Optimal investment in sons and daughters when parents do not know the sex of their offspring. *Behavioral Ecology and Sociobiology* 62: 607-615

Miller, N. C. E. (1971) The Biology of Heteroptera (second edition) E. W. Classey, Hampton.

Ruxton, G.(2006) Grasshoppers don't play possum. *Nature* 440: 880.

Yamamura, N. (1986) An evolutionarily stable strategy (ESS) model of postcopulatory guarding in insects. *Theoretical Population Biology* 29: 438-455.

●参考文献

本文中では、読みやすさを考慮して一々文献を挙げなかったところも多い。ここでは各章ごとに参考となる文献を記す。なお、読者の便を考えて、日本語の文献を優先した。

第1章

Lomborg, B. (2007) *Cool It: The Skeptical Environmentalist Guide to Global Warming*. Knopf, New York.

Dawkins, R. & Krebs, J. R. (1979). Arms races between and within species. Proceedings of the Royal Society of London Series B, Biological Sciences. 205(1161): 489-511.

第2章

ダニエル・デネット（二〇〇〇）『ダーウィンの危険な思想―生命の意味と進化』山口泰司（監訳）石川幹人ほか（訳）［Dennett, D. C. (1995) *Darwin's Dangerous Idea*, Simon & Schuster, New York.］

リチャード・ドーキンス（一九九一）『利己的な遺伝子』日高敏隆・岸由二・羽田節子・垂水雄二訳、紀伊国屋書店［Dawkins, R. (1989) *The Selfish Gene* (second edition), Oxford University Press, Oxford.］

ロバート・トリヴァース（一九九一）『生物の社会進化』中嶋康裕・原田泰志・福井康雄（訳）、産業図書［Trivers, R. L. (1985) *Social Evolution*. Benjamin - Cummings, Menlo Park, CA.

ロバート・アクセルロッド（一九九八）『つきあい方の科学―バクテリアから国際関係まで』松田裕之（訳）ミネルヴァ書房［Axelrod, R. (1984) *The Evolution of Cooperation*. Basic Books.］

Grant, B. S. (1991) Fine tuning the peppered moth paradigm. *Evolution* 53: 980-984.

ポール・クルーグマン（一九九六）『経済学者は進化理論家から何を学べるだろうか』山形浩生（訳）［Krugman, P. (1996) What economist can learn from evolutionary theorists. (A talk given to the European Association for Evolutionary Political Economy)］（山形氏のホームページで読むことができる）

第3章

Nishida T, Nakamura K, Woro A. Noerdjito (2001) Population dynamics of an isolated population of the tropical pyrrhocorid bug, Melamphaus faber, feeding on seeds of Hydnocarpus trees and the specialist predator, Raxa nishidai in Bogor, West Java, Indonesia. *Tropics* 10(3): 449-461.

Nishida T (1994) Determinants of lifetime reproductive success of individual males and females of a gregarious coreid bug, Colpula lativentris (Hemiptera; Coreidae). In:

Jarman PJ, Rossiter A (eds.) *Animal Societies*, Kyoto University Press, Kyoto, pp 147-162.
西田隆義（一九九六）カメムシ類における自然選択と性選択．四三四-四五三ページ、久野英二編著『昆虫個体群生態学の展開』京都大学学術出版会、京都
西田隆義（二〇〇六）自然界に捕食者が存在することの意味『生命誌』2005：112-121、新曜社

第4章

石田紀郎（二〇〇〇）『ミカン山から省農薬だより』北斗出版
松本崇（二〇〇三）「ヤノネカイガラムシ―寄生蜂相互作用の進化生態学的研究」京都大学学位論文
Matsumoto, T., Itioka, T., & Nishida, T. (2001) Fitness cost of parasitoid-avoidance behavior in the arrowhead scale, *Unapsis yanonensis* against the parasitoid wasps, *Aphytis yanonensis* and *Coccobius fulvus*. *Entomologia Experimentalis et Applicata* 105(2): 83-88.
Matsumoto, T., Itioka, T., Nishida, T. & Inoue, T. (2003) Introduction of parasitoids has maintained a stable population of arrowhead scales at extremely low levels. *Entomologia Experimentalis et Applicata*. 106(2): 115-125.
Matsumoto, T., Itioka, T., & Nishida, T. (2003) Rapid change in the settling mode of the arrowhead scale, *Unapsis yanonensis*, as a way to avoid two introduced parasitoids, *Aphytis yanonensis* and *Coccobius fulvus*. *Entomologia Experimentalis et Applicata*.107(2): 105-113.
Matsumoto, T., Itioka, T., Nishida, T. (2003) Is one parasitoid enough? A test comparing one with a pair of parasitoid species in the biological control of arrowhead scale. *Population Ecology*. 45(2): 64-66.
Matsumoto, T., Itioka T. and Nishida T. (2003) Cascading effect of a specialist parasitoid on

plant biomass in a Citrus agroecosystem. *Ecological Research*. 18(6): 651-659.

Matsumoto, T., Itioka T. and Nishida T. (2004) Why arrowhead scales, *Unaspis yanonensis* Kuwana (Homoptera: Diaspididae), which burrow and settle below conspecifics can successfully avoid attacks by its parasitoid, *Coccobius fulvus* Compere et Annecke (Hymenoptera: Aphelinidae)? *Applied Entomology and Zoology* 39(1): 147-154.

Matsumoto, T., Itioka, T., Nishida, T. and Inoue, T. (2004) A test of temporal and spatial density dependence in the parasitism rates of introduced parasitoids on host, the arrowhead scale (*Unaspis yanonensis*) in stable host-parasitoids system. *Journal of Applied Entomology* 128(4): 267-272.

Matsumoto, T., Itioka T. and Nishida T. (2004) Is Spatial Density-Dependent Parasitism Necessary for Successful Biological Control ? Testing a Stable Host-Parasitoid System. *Entomologia Experimentalis et Applicata* 110(3): 191-200.

第5章

Honma, A., S. Oku, and T. Nishida (2006). Adaptive significance of death-feining posture as a specialized inducible defence against gape-limited predators. *Proceedings of the Royal Society of London B. Biological Science*. 273:1631-1636.

本間淳（二〇〇七）「捕食回避戦略が捕食者―被食者間の相互作用に与える進化的・生態的影響」京都大学学位論文

索　引

著者紹介

西田 隆義（にしだ・たかよし）

1956年北海道札幌生まれ。京都大学理学部、京都大学農学研究科博士課程修了。現在：京都大学農学研究科・昆虫生態学研究室助教。
専門：昆虫生態学。
子どものときから昆虫が好きで、それがそのまま仕事になってしまった。身近にいるありふれた昆虫を研究対象にすることを好む。趣味は、山歩きと焚火。家では、飼い猫から捕食者について学ぶところが多い。

天敵なんてこわくない ―虫たちの生き残り戦略―

2008年 6月 5日　初版第 1 刷発行

著　者　西田隆義
発行者　八坂立人
印刷・製本　モリモト印刷（株）

発行所　（株）八坂書房
〒101-0064 東京都千代田区猿楽町1-4-11
TEL.03-3293-7975　FAX.03-3293-7977
http://www.yasakashobo.co.jp

ISBN978-4-89694-909-4

関連書籍のごあんない

スズメバチ
—都会進出と生き残り戦略

中村雅雄著　A5変型判　2000円

「殺人バチ」と恐れられているスズメバチの行動と習性を描いて好評をはくした旧版に、スズメバチの勢力争いや温暖化とスズメバチの行方など、新たな知見を加えて、都会のスズメバチ事情を予測する好著。

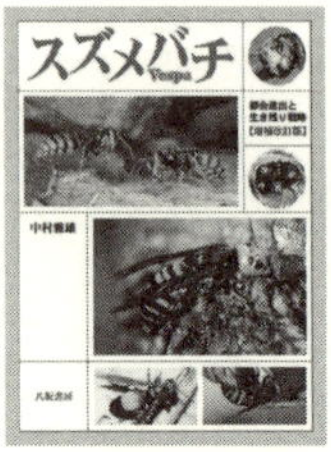

鯰〈ナマズ〉
—イメージとその素顔

川那部浩哉監修／前畑政善・宮本真二編

A5変型判　2000円

地震といえばナマズ！　鯰絵に描かれた鯰、その知られざる生態、さらには豊漁の象徴としての鯰まで、様々な鯰の姿を紹介しながら、水辺がはぐくむ人と生き物の多様な関係を考える。

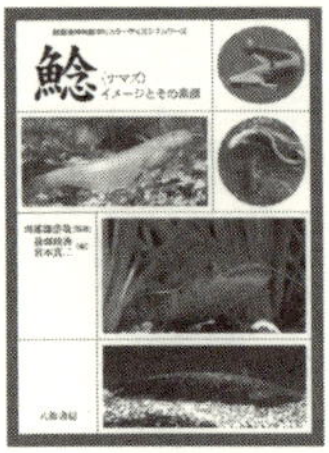

ハエ
—人と蝿の関係を追う

篠永 哲 著　A5変型判　2000円

衛生害虫の第一人者の著者が出会った、未知なるハエたちの世界。各地の珍しくも美しい昆虫写真もまじえ、ハエの分類と分布から、大陸や島々の歴史と人々のくらしを描く異色の科学読み物。

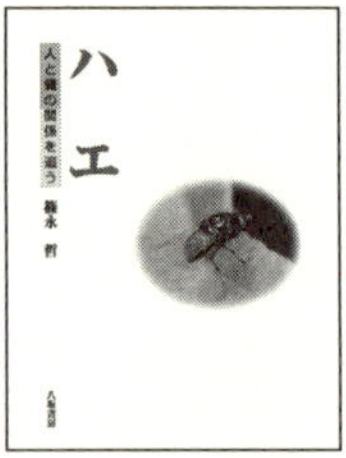

うちのカメ
—オサムシの先生 カメと暮らす

石川良輔著　A5変型判　2000円

オサムシの研究で有名な著者のうちに飼われて35年にもなるクサガメの半生記。生物学者の鋭い観察から浮彫りにされるカメのユニークな生活が豊富な写真や図版とともに展開。

小さな蝶たち
—身近な蝶と草木の物語

西口親雄著　A5変型判　2000円

森や高原で出会った小さな蝶たち。彼らはどうして日本にたどり着き、順応していったのか？　天敵を騙す術を身につけている蝶や蛾をつぶさに眺め、模様や姿が少しずつ異なる彼らの実体を探る。

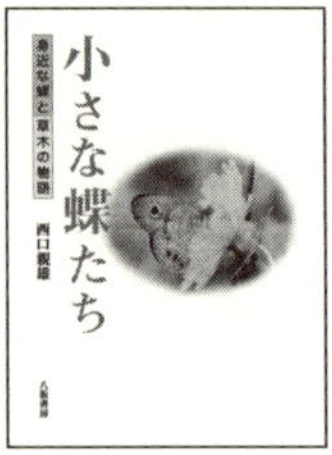

虫の顔

石井 誠 著　A5判　1800円

食性、巣作り、外敵への攻撃・防御、パートナー探し……様々な理由により虫たちの顔は進化してきた。顔の細密画と美しいカラー写真、そしてやさしい文章で、虫たちの生活、さらには昆虫の形と進化の不思議をわかりやすく解説する。

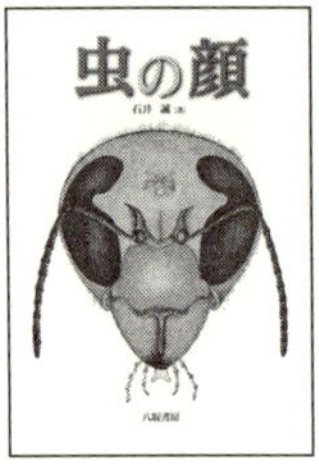

表示価格は税別価格です